专项职业能力考核培训教材

人力资源社会保障部教材办公室组织审定

农民技能提升培训系列教材

草莓栽培

上海市农业广播电视学校　组织编写

主　编：王华君　朱吉明　李　成

副主编：姚琳琳　吴　丹

编　者：徐锦瑾　李　涛　汪　滨　况慧云

主　审：颜伟中　刘广学

U0891510

中国劳动社会保障出版社

图书在版编目（CIP）数据

草莓栽培 / 上海市农业广播电视学校组织编写. -- 北京：中国劳动社会保障出版社，2022

专项职业能力考核培训教材

ISBN 978-7-5167-5602-7

Ⅰ. ①草… Ⅱ. ①上… Ⅲ. ①草莓－果树园艺－职业培训－教材 Ⅳ. ①S668.4

中国版本图书馆 CIP 数据核字（2022）第 175712 号

中国劳动社会保障出版社出版发行

（北京市惠新东街 1 号 邮政编码：100029）

*

三河市华骏印务包装有限公司印刷装订 新华书店经销

787 毫米 × 1092 毫米 16 开本 9.75 印张 181 千字

2022 年 11 月第 1 版 2022 年 11 月第 1 次印刷

定价：39.00 元

营销中心电话：400-606-6496

出版社网址：http://www.class.com.cn

前 言

职业技能培训是全面提升劳动者就业创业能力、促进充分就业、提高就业质量的根本举措，是适应经济发展新常态、培育经济发展新动能、推进供给侧结构性改革的内在要求，对推动大众创业万众创新、推进制造强国建设、推动经济高质量发展具有重要意义。

为了加强职业技能培训，《国务院关于推行终身职业技能培训制度的意见》（国发〔2018〕11号）、《国务院办公厅关于印发职业技能提升行动方案（2019—2021年）的通知》（国办发〔2019〕24号）提出，要深化职业技能培训体制机制改革，推进职业技能培训与评价有机衔接，建立技能人才多元评价机制，完善技能人才职业资格评价、职业技能等级认定、专项职业能力考核等多元化评价方式。

专项职业能力是可就业的最小技能单元，劳动者经过培训掌握了专项职业能力后，意味着可以胜任相应岗位的工作。专项职业能力考核是对劳动者是否掌握专项职业能力所做出的客观评价，通过考核的人员可获得专项职业能力证书。

为配合专项职业能力考核工作，人力资源社会保障部教材办公室组织有关方面的专家编写了这套专项职业能力考核培训教材。该套教材严格按照专项职业能力考核规范编写，教材内容充分反映了专项职业能力考核规范中的核心知识点与技能点，较好地体现了适用性、先进性与前瞻性。教材编写过程中，我们还专门聘请了相关行业和考核培训方面的专家参与教材的编审工作，保证了教材内容的科学性及与考核规范、题库的紧密衔接。

专项职业能力考核培训教材突出了适应职业技能培训的特色，不但有助于读者通过考核，而且有助于读者真正掌握专项职业能力的知识与技能。

教材编写是一项探索性工作，由于时间紧迫，不足之处在所难免，欢迎各使用单位及个人对教材提出宝贵意见和建议，以便教材修订时补充更正。

人力资源社会保障部教材办公室

序

大力开展农民技能培训，提升广大农民技能素质，加快培养一批专业型、技能型、创新型劳动者和高技能人才，培育一支“有文化、懂技术、善经营、会管理”的高素质农民队伍，将为实施乡村振兴战略、推进现代绿色农业发展提供人才支撑，促进农民收入持续增长。

为更好地满足农业产业发展需要，近年来，上海市农业农村委员会在种植、畜牧、水产、农机、农产品安全等领域，积极开展农业新业态、新技能培训项目开发，广泛开展农业从业人员实用技术培训，提高优质农产品生产水平和农业专业化服务能力，围绕家庭农场、农民专业合作社、农业龙头企业等新型农业经营主体，以农业高技能人才培养基地为平台，发挥农民技能培训辐射带动作用，形成了规模化农民技能培训的示范效应。

为配合农民技能提升培训工作的需要，上海市农业广播电视学校组织了农业领域的专家、技术人员共同编写了农民技能提升培训系列教材。本系列教材严格按照考核规范进行编写，以产业发展为立足点，以生产技能和经营管理能力提升为主线，注重知识和技能的针对性和有效性，实用性强，适应农民技能培训和自身学习需要，是广大农民增收致富的好帮手。

本系列教材在编写过程中得到了上海市、区两级相关农业技术推广部门与农业院所有关专家的关心指导和大力支持，在此谨表示最诚挚的谢意。

由于水平有限，不当之处在所难免，恳请读者指正。

本书编审人员

目　录

培训任务 1

种苗培育和生产苗定植

培训目标

熟悉草莓的生物学基础知识。

掌握草莓的育苗技术要点。

掌握草莓的定植要点。

能够整地做畦。

能够移栽种苗。

能够对生产苗进行起苗。

能够定植生产苗。

学习单元 1

草莓生物学基础

一、草莓植物学分类

草莓是蔷薇科草莓属植物中常见的一种，为多年生常绿草本植物，植株高 20~30 cm，横径 30~40 cm，植株矮小，呈半匍匐或直立丛状生长。我国草莓种类资源丰富，近年来草莓栽培发展迅速，我国大部分地区均有草莓种植。

一个完整的草莓植株主要由根、茎、叶、花、果实、种子等器官组成，其中，草莓的营养器官为根、茎、叶，生殖器官为花、果实、种子。草莓果实（见图 1-1）为

图 1-1　草莓果实

浆果，其营养丰富，含有丰富的磷、钙、铁、锌等矿物质，除鲜食外，还可加工制成草莓酱、草莓汁等。

二、草莓植物学特性

1. 根

生产上栽培的草莓是茎源根系浅根性植物，根系由新茎和根状茎上发生的粗细相近的不定根组成，属须根系，无直根也无主侧根之分，草莓植株根如图 1-2 所示。茎上第一次发根，称为初生根，通常直径为 1 ~ 1.5 mm，初生根上产生侧根，侧根上密生根毛，草莓依靠庞大的须根系吸收和输导养分和水分，同时须根系还能固定草莓植株。

图 1-2　草莓植株根

草莓根由表皮、皮层和维管束三部分组成，根系在土中纵深扩张的范围比较狭窄，主要分布在距地面 20 cm 深的土层范围内，少量根可入土深至 75 cm。根系向四面伸展的范围不大，70% 以上的根分布于植株周围 10 cm 的范围内，个别根可伸出 20 ~ 25 cm。

草莓短缩茎上萌发的新根，初期呈乳白色，生长速度很快，其直径生长达到一定程度后就会停滞，长度生长逐渐放缓。随着根的逐渐老化和木质化，根的颜色转为褐色直至暗褐色，最后呈黑色，老化枯死，不定根的寿命一般为 2 ~ 3 年。一般当年生根有一半以上能深扎约 15 cm。当新茎第二年成为根状茎后，须根就开始衰老死亡。到了第三年，衰老根茎上的老根系被上部茎萌发出的新根系取代，随着不定根的发生部位越来越高，甚至露出地面，不利于根系的正常生长，生产上可采取培土保根措施，让植株正常生长、安全越冬。

草莓根系的发育与气温和地温的关系密切。气温的升高促使草莓植株的蒸腾作用和呼吸作用活跃，而地温的降低则限制草莓根系的生长和吸收能力。当地温达到 20 ℃左右、气温达到 13 ~ 23 ℃时，较适宜根系的发育；当地温下降到 8 ℃以下、气温高于 28 ℃以上时，不适宜根系的发育。

一般来说，在春季，当地表 10 cm 深土层温度稳定在 13 ~ 15 ℃时，根系生长迎来第一次高峰，时间从 2 月底开始，到 4 月中旬达到高峰，此时地上部分正值花期，随着植株开花和幼果膨大，根的生长逐渐放缓。到 6 月上中旬，由于此时的日照和温度有利于草莓的营养生长，植株萌发大量的匍匐茎苗，同时，新茎产生许多新的根系，根系生长迎来第二次高峰，到 8 月中旬达到高峰。从 9 月中旬开始，根系生长迎来第三次高峰，随着叶片养分的回流以及短日照和地温下降，养分被积累在根状茎内，到 11 月底，根系生长达到高峰。第一次根系生长高峰主要是根系的加长生长；第二次生长高峰除主轴须根的生长外，同时生长大量的侧生根；与第一次和第二次生长高峰相比，第三次生长高峰是全年生根最多的时期，持续时间长，且有一部分根以白色状态越冬，等待地温升高，作为来年春季新根生长的基础。

土壤的水分对草莓根系的影响也很大：草莓根系分布浅，因此不耐旱；草莓根木质化快，因此抗涝能力强。草莓根系的抗涝性因品种而异，一般不耐旱的品种初生根数量比耐旱的品种少。草莓根在遇干旱时很轻，是旱害的一种表现，土壤过干会影响根的吸收功能，影响植株无法安全越冬，还可能引起植株死亡。如果草莓被水淹过，只要叶未被浸淹，根在水里浸泡 3 天都不会死亡，尤其是流动的水对草莓影响不大，因为草莓根能从水中吸收氧，而且草莓的叶、叶柄、短茎和根都有发达的输导组织，能通过叶向根部输送氧。定植后尚未完全活棵的和刚把匍匐茎切断和母株分开的子苗对水涝的抵抗能力较差。如果全部叶子被水淹没 1 ~ 3 天或长期处于过湿环境，由于植株叶子不能再向根部补给氧，根部易发生腐烂，导致植株死亡。

草莓根系的发育与植株的坐果存在着养分竞争关系，即坐果越多，根量越少。从萌动期至开花初期，草莓根系的加长生长迅速，萌发大量新根，此时地上部分的生长较缓慢。而到了开花期，根系的生长放缓，地上部分的叶片数和叶面积迅速增加，叶片制造的养分全部供给开花、结果。到了浆果成熟期，根系的生长进一步放缓，部分根甚至枯竭死亡。

2. 茎

草莓的茎可分为新茎、根状茎、匍匐茎和花茎。

（1）新茎。草莓新茎即当年萌发的短缩茎，在草莓的中心生长轴上，着生于根状茎上。新茎是草莓发叶、生根、长茎、形成花序的重要器官，参与植株营养物质的纵向输导和储存。草莓新茎（见图 1–3）密生多节，上轮生长柄叶片，离心生长缓慢，加粗生长旺盛，基部产生不定根。新茎的叶腋处着生腋芽，具有早熟性，有的萌发成侧分枝，有的萌发成匍匐茎，有的不萌发而成为隐芽。新茎的顶芽到秋季可形成混合花芽，为主茎的第一花序。侧茎分枝又叫新茎分枝。同一品种侧茎的数量一般随植株年龄增长而逐渐增加，可达 25 ~ 30 个，每年侧茎可继续分枝，年龄较老的植株便形成多级分枝的轮状茎体，当年形成新茎的数量与栽培时间、种苗质量和品种密切相关。

图 1–3　草莓新茎

（2）根状茎。草莓的根状茎是由新茎转化来的木质化程度较高的短缩茎。新茎上萌发不定根，第二年叶片全部脱落后成为形似根的根状茎，其上有不规则的年轮，是植株储藏营养物质的器官。

（3）匍匐茎。匍匐茎（见图 1–4）是由新茎上的腋芽当年萌发出的一种特殊的地上茎，平卧地面生长，细长柔软，节间较长，又称走茎、匍匐蔓等，是植株的营养繁殖器官。多数草莓品种的匍匐茎在偶数节处萌发新叶，贴地一面形成不定根，逐渐发育成为子苗；而奇数节上不能形成子苗，仅生长不发育的小型叶。部分品种在奇数节上抽生匍匐茎分枝，呈二歧生长，甚至多歧生长，此匍匐茎分枝也能在偶数节上形成子苗。

图 1-4　匍匐茎

一般的草莓品种都具有抽生匍匐茎的能力，植株抽生匍匐茎的数量除与品种、栽培方式等相关外，还与外部环境条件相关，必须使其经受足够的低温时间，同时满足长日照和高温要求，才能促进母株抽生匍匐茎。

早熟品种一般从 4、5 月开始抽生匍匐茎，晚熟品种从 6 月开始抽生匍匐茎，贯穿整个夏季，一直持续到 10 月，一般在 7 月达到高峰。以草莓品种“春香”为例，母株在 4 月 1 日定植的，第一次子株（以扎下根的日期为准）在 4 月 10 日左右发生，之后逐步增多，到 7 月上旬达到高峰，之后慢慢减少；第二次子株从 5 月中旬开始发生，7 月中旬达到高峰。如果母株的定植期推迟到 5 月 10 日，第一次子株 5 月中旬左右发生，7 月上旬达到高峰；第二次子株从 5 月下旬左右发生，7 月中旬达到高峰；第三次子株在 5 月中、下旬左右发生，在 7 月下旬达到高峰；第四次、第五次子株发生的时间间隔在 10 ~ 20 天。

一定程度的长日照和温度的提高才能促成匍匐茎的抽生，短日照、低温时不发生匍匐茎。如果气温在 10 ℃以下，日照时间再长，也不会抽生匍匐茎；如果昼长只有 8 h，温度再高，也不会抽生匍匐茎。在适宜的温度下，昼长大于 12 h，随着昼长时间的加长，匍匐茎发生增多。在自然条件下，春分开始昼长达 12 h，5 月约为 14 h，适宜的温度和昼长有利于匍匐茎的抽生，由于南北各地温度不同，种植于南方的植株相对于北方抽生匍匐茎更早。

匍匐茎发生的数量与母株经过低温的时间有关。若植株未经受低温，匍匐茎的抽生就很少，露地栽培由于草莓植株经受低温的时间长，所以匍匐茎的抽生多。

匍匐茎的寿命较短。在子苗未扎根时，通过匍匐茎由母株向子苗输送营养物质和水。子苗生根独立后，与母株逐渐中断联系，匍匐茎的输导作用减弱，越冬后匍匐茎一般干枯死亡。

（4）花茎。花茎又叫花葶，其上常有一片苞片，由瓣茎顶芽形成，着生花和果实。花茎的机械组织和输导组织发达，和新茎相似，能向花器和果实输送营养物质和水。花茎的寿命较短，浆果成熟采摘后逐渐枯死。

3. 叶

草莓的叶为三出复叶，小叶长圆形或卵形，叶面较大，由托叶鞘、叶柄和叶片三部分组成，如图 1–5 所示。托叶明显，叶柄细长，长度可达 10 ~ 20 cm，多生绒毛，叶缘有锯齿状缺刻，数量在 12 ~ 24 个。复叶一般是以 3 片小叶着生在叶柄的先端，在叶柄的中部还对生有 2 片很小的叶，两边对生的小叶对称，中间的小叶形状规则，有圆形、椭圆形、长椭圆形、菱形等。叶缘缺刻先端有小水孔，在土壤水分和肥料适宜时，其上附着小水滴，产生溢泌现象，蒸腾作用受到抑制时，这种现象较多发生。

图 1–5　草莓叶片

从叶柄的横切面看，其由表皮、基本组织和维管束三部分组成，叶柄组织的纵向输导组织发达，木质部导管多于韧皮部导管，这种结构有利于水分的输导。叶片由上表皮、下表皮及叶肉组成，表皮上有表皮毛和气孔。叶肉上表皮处有栅栏组织，栅栏组织中有大量叶绿体分布于细胞内。栅栏组织下为海绵组织，组织细胞间隙较大，在气孔内有较大的孔下室。草莓叶片的结构能帮助调节草莓植株体内水分保持平衡和运转，把从根部吸收的水分排出体外，同时从气孔吸进二氧化碳以及从根部吸收水分，通过叶绿素的作用，在阳光照射下合成有机物质碳水化合物，释放氧气。

草莓叶片从开始生长到枯黄，不同叶龄的叶片光合效率不同。30～40 日龄的叶片光合效率高，50 日龄的叶片光合效率较高，大于 50 日龄的叶片光合效率开始降低。草莓苗期，从新展开叶向下数，第 3～5 片复叶功能最旺盛，光合效率高，其他叶的光合效率较低，在生长期间，通常每株草莓苗有 6～8 片功能叶。从植株的中心向外数第 7 片（即新展开叶第 7 片）以外的叶，光合效率下降，因此在草莓的开花结果期，要维持一定数量的功能叶，同时定期摘除老叶，减少养分消耗。

4. 花

草莓的花（见图 1–6）多为二歧聚伞花序，花轴顶端中央的花先开放，为一级花序，这朵花苞两侧长出两个分枝，花柄等长，为二级花序，以此类推，还会形成三级、四级花序。草莓的花由花柄、花托、萼片、花瓣、雄蕊、雌蕊等组成。花瓣白色，一般为 5～7 枚。萼片数量在 10 枚以上，因品种不同呈现向内或向外翻卷的特性。雄蕊的数量在 30～40 个，花药纵裂；雌蕊的数量一般为 200～400 个，离生，呈螺旋状规律地排列在凸起的花托上。草莓的花大多能自花结果，为完全花。

图 1–6　草莓花朵

草莓植株生长到一定阶段，在内部条件合适、外部条件低温短日照（日平均 15～20 ℃，日照时间 10～12 h，不同品种要求不同）的情况下，植株矮化停止生长，顶芽和叶腋不再抽生匍匐茎和新茎，花芽开始分化，花芽呈圆锥形，先端略平，呈肥厚状。一旦成了花芽的芽，在发育过程中，就不能形成叶芽。花芽形成后，经过发育，在平均气温达到 10 ℃以上时，就能开花，开花时外萼片张开，待内萼片张开时，花瓣才张开，雄蕊弓向外侧。从花芽形成到开花，长日照和高温起促进作用，花朵连续开放时间 3 ~ 4 天，在此期间，花药开裂，花粉散出，进行授粉、受精，授粉时需要有微风或者蜜蜂等昆虫作为媒介。从花芽形成到开花需要的天数可以通过积温推算，从花芽形成之日起，积温达到 1 050 ℃时就能开花，温度的变化会影响草莓的开花结果，13.8 ~ 20.6 ℃适宜花药开裂，25 ~ 30 ℃的温度和 40% 的湿度适宜花粉的萌芽。草莓同一花序中开花的顺序和浆果成熟的顺序一致。在开花期喷药或浇水，对花粉发芽都有不同程度的不良影响。

5. 果实

草莓的果实在植物学上称为聚合果，在栽培学上称为浆果，由花托膨大而成，主要由外部的皮层和内部的髓心组成，外部果实颜色多为橙红、深红，果肉多为白色、橙红或红色。果实的形状主要取决于品种，但也受气候的影响，呈现扁圆形、球形、圆锥形、短圆锥形、楔形、长楔形、纺锤形等多种形状。

草莓果实膨大是由细胞分裂使细胞数增加和细胞本身的膨大两者共同作用而形成的。草莓果实细胞分裂是从花蕾期到开花期或谢花期，分裂最旺盛的时期为开花期。谢花以后，细胞数目的增加幅度变缓并逐渐停滞，不再有新的分裂增殖迹象，此后草莓果实的生长主要依靠现有细胞的体积膨大。从外部来看，草莓的果实生长周期呈现 S 形，即初期生长缓慢，中期生长迅速，到后期生长再次缓慢，直至进入成熟期，生长停止。草莓果实从幼果到成熟不仅果变大，其内含物和外表颜色也在进行着变化。一般的草莓果实从绿色的幼果开始，经过一段时间的生长发育由绿色变为白色，最后变成红色。大部分品种是阳面先着色，背阴面后着色，而后全果着色。

草莓的种子呈螺旋状，有规则地排列在果肉上，在植物学上称为瘦果，种子的数量因品种的不同而不同。种子一般为长圆形，最初呈绿色，随着果实的生长，呈现为黄色、黄绿色或红色。不同品种草莓的种子在浆果表面的嵌入深度不一样，有的与果面齐平，有的凸出果面，有的凹入果面。不同的深度与耐储运能力有关，种子凸出果面的品种，一般果肉硬度大，果皮的韧性强，不易失水，耐储运；种子凹入果面深的品种，皮层和果皮较肥厚，表皮易损伤，不耐储运。一般而言，浆果上种子多且分布均匀，果实发育好。如果浆果某一侧种子发育不良，就会导致畸形果的形成。

草莓果实中所含的酸主要为有机酸，其中 80% ~ 90% 是枸橼酸，其次是苹果酸，占总酸的 10% 左右。草莓果实的红色色素来自花青苷，这些色素被果实中酸性溶液溶解而使果实呈现红色。草莓果实在生长发育过程中，随着果实成熟度的增加，糖分含量增加，酸度减少，糖酸比上升，草莓的风味与果实的糖酸比、果实中可溶性固形物含量有关。

草莓中维生素 C 含量丰富，一般 100 g 草莓鲜果中含维生素 C 50 ~ 120 mg，且多呈还原型，少有氧化型。草莓果实随着成熟度的增加，维生素 C 的含量也在变化，在完熟期前维生素 C 的含量达到高峰，其后有所下降。若在果实成熟期遇阴雨天，光照不充足，光合作用减弱，同化效率低，碳水化合物向果实供应较少，果实的糖度和维生素 C 的含量会明显降低。

果胶的含量随草莓果实的成熟而变化。水溶性果胶在着色期达到高峰，到采收期又有所下降；磷酸可溶性果胶（不溶于水的果胶）在成熟期变化不大；盐酸可溶性果胶（含有原果胶）伴随果实的生长发育而减少，成熟期明显下降。总体而言，草莓越接近成熟，其果胶含量越少。另外，草莓果实中还含有丰富的磷、锌、铁、钙等物质，富含各种氨基酸。草莓的香气由一种特殊的挥发性物质形成，该物质由多种复杂的有机物混合而成。

影响草莓果实生长发育的环境因素主要有温度、光照和土壤水分。温度低，果实发育慢，果形大；温度高，果实发育快，果实早熟，果形小。昼夜温差也是影响果实发育的因素，昼夜温差大，光合作用的产物积累多，呼吸作用消耗的养分少，能够形成果形较大、品质较好的果实。果实的光泽主要与表皮对光的反射以及果实中的含水量有关，土壤含水量充足，果实膨大快，果面光滑有光泽，如果土壤含水量不充足，果实干瘪无光、皱缩，果形小。另外，施肥特别是磷肥过多也会使草莓的光泽变差，氮和钾肥的用量对光泽影响不大。在草莓果实的转色期，光照对草莓色泽的影响较大，可通过降低室内湿度、提高夜间温度、清洁棚膜增强透光率等方式来提高草莓的增色效果。总的来说，在昼夜温差大、光照充足、土壤水分充足的情况下，形成的果实膨大快、多汁、品质好。

草莓畸形果主要表现为果实过肥、过瘦，呈现鸡冠状、扁平状或凹凸不平等形状，其原因主要有：一是部分品种本身花粉发芽力有强弱差异，育性不高，发芽力较弱的品种容易形成畸形果；二是在草莓的开花授粉期温度不适、光线不足、湿度过大等原因导致花粉黏性差，影响草莓授粉受精，形成畸形果；三是在开花期喷洒农药，影响花粉发芽，形成畸形果。草莓生理性白果，表现为浆果成熟期不能正常着色，全部或部分果面呈白色或淡黄白色，白色外围有一圈红色，生理性白果果味淡、肉质软。低光照和低糖是引起生理性白果病的主要原因，果实中含糖量低和磷钾元素不足容易导致此病发生。此外，还有鸡冠形果、双头果或多头果的产生，主要是由于氮肥施用过多，氮与硼产生拮抗作用，影响植株对硼的吸收。

三、草莓优良品种

1. 红颜

红颜草莓（见图 1–7）又称红颊草莓，因果实鲜红漂亮、富有光泽而得名，是目前上海地区大棚的主栽品种，日本育成的优质大果形早熟品种，其父本、母本分别为幸香和章姬。该品种植株高，长势强，花茎粗壮，花量少，各花序可连续开花结果，畸形果少，丰产性好，生产上植株整理和疏花疏果较简单，易于栽培管理。果实甜度高，味道浓；果硬，耐储藏运输；个大，最大的一代顶果可达 100 g 以上。在栽培上注意预防炭疽病和灰霉病，其根系生长和吸收能力强，浅休眠，适宜大棚栽培。

图 1–7　红颜草莓

2. 章姬

章姬草莓（见图 1–8）又称奶油草莓，其香味独特，是以久能早生与女峰杂交育成的早熟品种。该品种植株长势强，繁殖力中等，丰产性好；果实呈长圆锥形，果形整齐，个大，畸形果少；果肉淡红色，果心白色，色泽光亮；香气宜人，肉质细腻，味道甜美，柔软多汁。一级顶果平均单果 40 g，最大可达 130 g；亩（约 667 m^2）产可达 2 t 以上。该品种较抗白粉病、灰霉病、芽枯病和黄萎病，在栽培上注意预防炭疽病。该品种为浅休眠品种，成熟后由于果肉较软，不耐运输，适合在采摘园种植或近距离运销。

图 1-8　章姬草莓

3. 白雪公主

白雪公主草莓（见图 1-9）果皮中缺少红色花青素，草莓外表呈粉白色，籽粒呈红色，外观漂亮，由此得名。该品种由北京市农林科学院培育，果肉纯白或淡黄色，口感香甜，甜度高，酸度少，果肉口味与黄桃相似。作为一种稀有品种，其市场价格高，种植效益可观。在栽培上，比一般的品种抗病性更强，但培育难度大，产量偏低，采摘期较短，成熟期相对于红颜等品种晚。在常规种植情况下，该品种需要用赤霉素处理，有助于拉长花茎、提高草莓品质。

图 1-9　白雪公主草莓

4. 越秀

越秀为中熟草莓品种，由浙江省农业科学院园艺研究所自主研发选育。该品种具有适应性强、产量高等特点，目前在全国多个地区推广种植。其一、二级序果均果重25 g，大果可达50 g，果形周正、匀称；果实外表颜色红润油亮；肉质紧实，口感好、甜度高，没有酸味。由于采摘后果皮颜色不会变暗，果实硬度好，该品种可以在其完全成熟之后采摘，且耐储存、运输，货架期长。该品种抗病性强，对环境适应性强，受阴雨天影响小。

5. 圣诞红

圣诞红是西班牙艾诺斯种业的一个冬草莓新品种。圣诞红的植株生长势强，株高、茎粗、叶面积大，品种产量较高。果面橙红色，大部分果实形状为圆锥形，少部分果实形状为楔形和卵圆形。其一、二级序果平均单果重35～45 g，最大果重超过60 g。果肉细腻，质地绵软，风味酸甜，口感较好，平均糖度高于红颜。髓心白色，无空洞。果实硬度强于章姬，略低于红颜；耐储性好，适合远距离运输。圣诞红对白粉病和灰霉病抗性较强；耐寒性、耐旱性及耐弱光性较强，对炭疽病抗性中等。

四、草莓物候期

在草莓一年的生长发育过程中，当季节变化，其植株的外部与内部发生明显变化，这种与季节性气候变化相吻合的时期，称为物候期。草莓的物候期分为生长初期、开花结果期、营养生长期、花芽分化期和休眠期。

1. 生长初期

此阶段主要指早春时期地下根系生长，地上部分萌发出现花蕾，历时1个月左右。草莓根系一般在2月下旬前后开始生长，此时土壤温度稳定在2～5 ℃，随着温度的升高，植株逐渐发出新根。当地温升至5 ℃以上时，地上部分开始萌芽，逐渐发出新叶，此时根系已生长1周左右时间。采用地膜覆盖的草莓，由于一部分叶片越冬后仍保持绿色，这些叶片可正常进行光合作用，为植株早期的生长发育提供养分。随着温度升高，新叶陆续长出，老叶逐渐枯死，此时草莓的生长发育主要靠根状茎和根中所储存的养料，因此要加强上年的田间管理，增加草莓养分的储藏，促进来年草莓的生长。在早春时节，应清除防寒物，及时追肥并浇上返青水，促进植株的生长发育。

2. 开花结果期

草莓的地上部分生长约1个月后，草莓萌生花茎。随着花茎的发育，花序梗伸长，露出整个花序。从花蕾显现到第一朵花开放大约需要半个月，第一级花序先开，随后第二、三级花序开放，一个花序一般持续开花20多天。草莓开花到浆果成熟的时间受温度影响，一般为 25～55 天。

同一花序浆果成熟的顺序和开花的顺序一致。由于草莓有顶花芽和侧花芽，且同一花序不同级次花开放时间有所差异，所以同一草莓上开花的顺序是不同的，开花一般持续较长时间，因此草莓的开花期和结果期会出现重叠现象，出现开花、坐果和果实生长的交错状态。此阶段根系停止生长，植株的地上部分叶片数量和叶面积增加，光合作用旺盛，制造出来的养分主要供给开花结果。在栽培上，通过叶面喷肥、疏除无效花蕾等方式可促进果实发育。在草莓处于浆果成熟期时应适当控水，田间持水量过多易造成烂果。

3. 营养生长期

浆果成熟采摘后，草莓植株开始抽生大量侧芽和匍匐茎，匍匐茎不断向上萌生叶片，向下扎根，形成新的幼苗，这阶段称为草莓的营养生长期。在夏季高温期间，需采取喷水、遮阴等手段帮助植株安全越夏。秋季后，草莓植株叶片和根系的生长进入高峰期。

4. 花芽分化期

秋季，随着气温的降低，草莓的生长发育减缓，养分逐渐积累至根茎，草莓进入花芽分化期。一般早熟品种的花芽分化期在 9 月上旬至 10 月上旬，10～26 ℃的气温条件和短日照有利于花芽分化。草莓体内碳水化合物与氮的比率以及体内激素物质等的关系是影响草莓花芽分化的内在条件。研究表明，从花芽即将分化到花芽分化期，碳水化合物与氮的比率是增加的，如果这时草莓体内碳氮比降低，花芽分化就受到影响。

总体来说，在低温、短日照和减少氮素的条件下可增强草莓的花芽分化能力。低温是花芽分化的主要因素，低温比短日照更为重要，30 ℃以上高温时不能形成花芽，当气温降至 5 ℃以下时，草莓的花芽分化终止，进入休眠状态。在栽培上，采取遮光、减少氮肥施用等方法促进草莓的花芽分化。

5. 休眠期

草莓休眠是指草莓为了抵御不适宜的环境条件而产生的自我保护性的生理状态。当草莓处于气温低于 5 ℃及短日照的环境条件时，花芽停止分化，草莓植株进入休眠期，引起休眠的内在原因主要是休眠激素。外在表现为叶柄逐渐变短，叶面积变小，叶色变深，叶片平卧，匍匐状生长，全株矮化，不萌生匍匐茎。草莓一旦进入休眠期，将持续一定的时间。不同的草莓品种休眠的程度不同，寒冷地区的草莓休眠程度深，温暖地区的草莓休眠程度浅。休眠时间在 100 h 以下的为浅休眠品种，休眠时间在 100 ~ 400 h 的为中等休眠品种，休眠时间在 400 h 以上的为深休眠品种。休眠期短的品种，其花期对低温的抗性较差。草莓解除休眠的有效温度为 0 ~ 5 ℃，在此低温所经历的累计时间称为低温需要量。通过提高棚内温度、补充光照、赤霉素处理等方法，可以打破草莓的休眠。休眠完全解除的植株，新萌生的叶呈直立状态，叶柄加长，叶面积增大，生长变得旺盛，花序的花柄也变长，并能萌生匍匐茎。

五、影响草莓生长发育的环境条件

草莓是一种适应性比较强的多年生草本植物，但草莓的生长发育对环境条件有一定要求，影响较大的包括温度、光照、水分、土壤和气体。

1. 温度

草莓对温度的适应性较强，具有一定的耐寒性，但不同的生长发育期对温度的要求不一样。草莓苗适宜的生长温度为 18 ~ 23 ℃，春季生长如遇到 –7 ℃的低温就会受冻，达到 –10 ℃时大部分植株会被冻死。根系在 2 ℃时开始活动，10 ℃时开始形成新根，根系适宜的生长温度为 15 ~ 20 ℃。花芽分化的适宜温度为 9 ~ 17 ℃，在 –15 ~ –10 ℃时，花芽就会发生冻害，低于 –20 ℃时常被冻死。一般草莓在平均温度达到 10 ℃以上时开始开花。花药开裂的临界温度为 11.7 ℃，13.8 ~ 20.6 ℃为其适宜温度。若花期遇到 0 ℃以下低温或霜害时，会导致柱头变黑，丧失受精能力。30 ℃以上高温会导致花蕾抽生困难，花粉发育不良，温度达 45 ℃时抑制花粉发芽，25 ~ 27 ℃是花粉发芽的适宜温度。开花期遇到 0 ℃以下的低温或 40 ℃以上的高温都会阻碍授粉，影响种子发育，导致畸形果的产生。

草莓植株适宜的生长温度为 20 ~ 25 ℃。在栽培上，温度低时可以通过提高棚温的措施来促进草莓早熟，而在盛夏炎热地区，可采取覆草、遮阴、适当灌水或暂时不拔杂草等保护措施，使其安全越夏。当秋季来临，温度降低到 7 ~ 8 ℃时，草莓植株就会生长减弱，冬季当土壤温度降至 –8 ℃时，植株根系将受到伤害，当土壤温度降至 –12 ℃时，植株根系会被冻死。因此，在冬季寒冷的地区，需及时采取适当的覆盖措施，以便草莓能安全越冬。

温度对草莓果实的膨大、着色及成熟影响较大，若昼夜温差大，光合产物积累多，易形成品质好的果实，过低的温度会使果实虽然膨大但着色不良。

5 ℃以下的低温是草莓休眠所需温度，但不同的品种所需低温量有所差异。满足所需低温量后给予 –2 ~ 10 ℃的温度和长日照，经过 20 ~ 30 天可以打破草莓的休眠，打破休眠的适宜温度为 2～6 ℃。

2. 光照

草莓喜光照。光照充足时，草莓植株长势旺盛，花芽分化好，浆果品质优。若光照不足，草莓植株的长势弱，影响花芽分化，在果实成熟期遇上阴雨天，则果实中的含糖量和维生素 C 含量会显著降低，形成的浆果品质差。在栽培上，需进行合理密植，增加田间的透光性，给予草莓充足光照。

草莓不同的生长时期对光照时间的要求不同，光周期的长短尤为影响草莓的生长发育，不同品种的草莓对光周期的反应也不同。植株匍匐茎的生长一般要求长日照条件，温度较高时生长较多，而在低温短日照的条件下则不能形成匍匐茎。植株的新茎是在日照较短导致匍匐茎不能形成或日照过长导致花芽不能分化的条件下形成的。具体来说，草莓在开花结果期和生长旺盛期适宜 12～15 h 的长日照，在花芽分化期适宜 10～12 h 的短日照和较低的温度。草莓在花芽分化前经受短日照，在花芽分化后经受长日照，能促进花芽的发育和开花。

3. 水分

草莓由于根系分布较浅，地上叶片大而多，蒸腾量大，同时在生长期需抽生大量匍匐茎和新茎，进行果实发育，因此对土壤水分的要求较高。在草莓的现蕾至开花期，土壤水分以田间持水量 70% 为宜；果实膨大期需要的水量较大，田间持水量提高到 80%；浆果成熟期的田间持水量保持在 70%，若水分太多，会降低果实甜度，也不利于促进果实着色，需进行适当控水，以利果实成熟和顺利采收，防止果实脱落和腐烂。提高果实质量，特别是提高果实的甜度。果实采收后，进入茎叶生长期，一般田间持水量维持在 70% 左右。

秋季，草莓进入第三段生长期，在茎叶生长的同时，植株要积累养分，并进行花芽分化，此时应保证适当的水分供应，要求田间持水量在 60%～65%，以促进植株的花芽分化。入冬前茎叶停止生长，花芽已基本形成，这时要适当控制水分的供应，使植株生长充实，以利于植株越冬。

草莓喜水怕涝渍，土壤中水分过多或积水，导致土壤通气不流通，会使草莓根系的呼吸作用受阻，加速根系的衰老死亡，影响植株生长，严重时可能导致植株死亡。同时，土壤水分含量多，草莓的抗病性降低，病害感染风险增加，不利于提高草莓果实品质，易导致劣果、烂果增多。

草莓在开花结果期和幼果生长期，对空气湿度的要求较高。遇高温干旱，空气湿度小，草莓的开花和果实的品质较差。在草莓开花结果期要及时浇水，保持土壤湿润。

4. 土壤

草莓是浅根性植物，根系主要分布在 20 cm 以内的表层土壤中，极少数的根系可深达 40 cm 以下的土壤层中，吸收下层土壤的水分较难。因此，表层土壤的结构、质地及理化特性会直接影响草莓植株的生长发育。

草莓适合在中性或微酸性的土壤中生长，pH 值以 5.8 ~ 6.5 为宜。富含腐殖质的壤土是草莓栽培的理想土壤，其具有良好的排水性和保水性，土壤通气良好，能促进根系的生理活动不受限，有利于草莓植株的生长。

黏质土具有良好的保水性，覆盖地膜以后即使不浇水，一般也不会出现缺水现象。黏质土土质紧密，土壤中毛细管丰富，植物根系能够吸收源源不断的地下水，但是其排水性能较差。在多雨地区，特别是地势较低的地块，往往会因排水不良导致土壤含水量过多，从而引起草莓根部缺氧，严重时根功能衰竭，影响草莓的正常生长。此外，田间持水量过高还易引起病害流行。因此在黏质土中栽培草莓，需采取做窄畦、筑高垄、开深沟、排暗沟等措施，降低田块的地下水位。在保护地栽培中，由于雨水不能直接落入草莓种植地，所以在黏质土上栽培草莓不会出现排水不良的问题。

沙土的保水性能较差，同时土壤颗粒较大，土壤中的毛细管少，地下水难以被植株的根系利用。在少雨地区或沙土种植草莓采用保护地栽培时，土壤中水分流失快，容易出现缺水现象。一旦土壤含水量过低，草莓初生根的伸长及根毛的发生将受到限制，严重影响植株的生长发育，因此必须重视土壤水分的管理，根据土壤的情况，随时调整浇水的频次和浇水量。由于沙土保水能力较差，沙土表层土壤容易干燥，而此时下层的沙土未必很干，浇水过多会产生渍害，因此在沙土上种植草莓，浇水时不宜采用漫灌的方法，最好一勺一勺地往畦上浇，每次浇水量不要太多，根据土壤温度情况，酌情增减浇水次数。

在初春，草莓易受晚霜的危害，土壤性能与霜冻的发生及其危害程度有一定关系。相对而言，干燥而疏松的土壤容易发生霜冻，这种土壤热容量小，光照下土壤中积累的热量少，夜间温度降低，由于导热性差，表层土壤从深层土壤中获得的热量也少，当地表温度较低时，容易出现霜冻危害。当土壤潮湿而疏松，土壤中的孔隙较大，孔隙中的水分结冰，体积膨胀，若草莓有须根穿过空隙将会被拉断，影响草莓的正常生长。潮湿而结实的土壤热容量大，导热率也高，而且接近表层土壤的空气中水汽含量丰富，当温度降低时，部分水汽会凝结成为水珠，释放一定的热量，减轻土壤的霜冻危害。

由此可见，对于不同性质的土壤，若它们的土壤含水量相同，沙土由于干燥疏松，种植的草莓容易出现霜冻危害。因此，在沙土上种植草莓时，要采取积极的防霜措施，减轻霜冻危害。沙土的热容量较小，土表温度的昼夜变化较大，导致近地层的空气温度的昼夜变化也较大，这种昼夜的温差非常有利于草莓果实的膨大和成熟。在沙土上种植的草莓，其果实色泽美丽，含糖量高，同时成熟期早于壤土上种植的草莓。

草莓对土壤中氮、磷、钾的含量也有一定要求，在草莓生长期间，施肥时要特别注意氮、磷、钾配合施用。草莓植株在不同的发育期对氮、磷、钾的需求不一样。在花芽分化期需要增施磷、钾肥，这样能有效地促进花芽分化，增加产量，提高草莓果实品质。在春季，可适当增施磷、钾肥，在开花结果期可促使果实膨大，增加果实的香、甜风味。草莓不耐盐碱，因此施肥要合理，以免引起土壤盐碱化，氮肥不宜过量，过量的氮肥会引起萼片和新叶尖端及叶边缘焦枯。因此，在草莓生长期间，要全面合理施肥，并保持土壤中一定的含水量，才能达到优质丰产的效果。

5. 气体

二氧化碳是草莓进行光合作用的主要原料，大棚内二氧化碳的浓度直接影响草莓的生长发育，往大棚内施补二氧化碳，草莓叶片变厚，叶色变绿，果实增大，提前成熟。此外，在生产上，通过种植浅休眠品种、提高棚温、赤霉素处理等方法，也能促进草莓的早熟。

在保护地条件下，需适当施用氮肥，如果施用氮肥太多，会分解出氨和二氧化氮气体，当达到一定浓度时会影响草莓的生长，使植株叶缘变褐色，最后枯死。二氧化氮会危害叶肉，初期呈斑点状，后期叶片枯死。另外，农用塑料薄膜等制品在使用过程中，经阳光暴晒，在高温下也可挥发出乙烯、氯气等有害气体，达到一定浓度时，影响植株的生长，会导致草莓叶片变黄甚至整株死亡。因此，大棚种植草莓应及时通风换气，空气流通不但有利于室外二氧化碳流入室内，还可使棚内的有害气体排出。

学习单元 2

育苗技术

生产上涉及的育苗技术主要有大田育苗技术、假植育苗技术、组培育苗技术、穴盘育苗技术等。

一、大田育苗技术

1. 苗圃的选择与准备

根据草莓的生长习性，苗圃应选择在地势平坦、肥沃疏松、富含有机质、排水性和保水性良好的地块，避开前茬使用过残留期长的除草剂和碱性较重的田块。草莓可与其他作物合理间作或轮作。前茬作物的选择不宜与草莓有共同病害。前茬种植过水稻、豆类、瓜类等作物的地块适宜大田育苗，栽种过草莓、马铃薯、番茄而未轮作其他作物的地块不适宜大田育苗。如果是重茬地，在育苗前需对苗圃的土壤进行消毒，减轻后期土传病害、草害和虫害的防治难度。

草莓栽种前需要耕翻土壤，深度在 30 cm 左右，一般在冬季进行。整地要求为无土块，地面平整，以免栽植后浇水导致秧苗下陷影响秧苗的成活。翻耕时间宜早不宜迟，做好伏前晒垡，使土壤熟化。栽前还要施氮、磷、钾肥，配合施用有机肥或优质农家肥，注意有机肥需完全腐熟，避免虫害的发生，做好育苗田的基肥施用，可结合施基肥再次进行土壤翻耕，开好田间沟和外围沟，使之配套，保障排水畅通。在定植前 5 ~ 7 天用封闭除草剂封草。

2. 种苗定植

选取健壮种苗栽培是草莓优产丰产的基础，种苗的健壮与否直接关系到草莓果实的产量及质量，同时影响草莓的花芽分化。选取健壮裸根种苗的标准通常为：植株完整、生长健壮、没有病虫害、新茎直径 1 cm 以上、叶柄较短粗、具有 5 ~ 7 片发育正常的叶片，根系发达。在定植前对种苗进行简单处理，摘去受伤叶片，将草莓苗放置在阴凉处。若是远距离运输草莓苗，应减少运输时间，到达目的地后，解开草莓苗，散去热气，将草莓苗根部蘸水，倒置放置在阴凉处准备定植，提高成活率。种苗定植前应用药物浸根，可选择凯润作为浸根药剂，控制定植后病原菌传播，药剂用量以没过苗株根部、不没过芽心为宜。

大田育苗时，种苗的定植时间可选择冬季或春季，冬季定植时间通常为 11 月中下旬，此时的气候条件和温湿度适宜，定植后容易成活，且在冬季前还有一段生活期，能保证种苗的生长状态，使其安全越冬。春季栽培时间通常为 3 月上中旬。

在栽植的密度上，应保证每株苗有 0.5 m^2 以上的繁殖空间，使其有足够的营养面积，母株栽植密度建议为 900 株 / 亩，畦面宽 1.7 m，单行定植，株距 50 cm，如图 1–10 所示。肥力强的地，密度可低些；反之，密度可高些。母苗带土定植有利于后期匍匐茎的抽生，由于草莓的生长特性，花序的发生均在茎的弓背方向，即在母苗根茎弯曲的凸面抽生匍匐茎，因此在定植母苗时，根茎部弯曲凸面应朝向留子苗方向空地，便于后期匍匐茎的梳理和田间管理。

图 1–10　母株栽植密度

在栽植的深度上，要注意控制，若埋得太深，没过苗心，则不易发苗，容易腐烂；若埋得太浅，根茎裸露在外，也不易使种苗成活，理想的状态是苗心与地面相齐。同时，栽种时要注意让根系舒展，利于植株根部的生长。栽种完成后，浇一遍透水，后期根据土壤的干湿情况浇水。为促进母苗生长，可在定植 7 天内施用防治根腐病药剂 1～2 次，并施用肥料促进生根。

培育种苗活棵后，进入发苗期，匍匐茎需进行均匀引苗，如图 1-11 所示，子苗间距控制在 12 cm 左右，每亩秧苗数控制在 5 万株苗。

图 1-11　均匀引苗

3. 育苗期栽培管理

育苗时，母株现蕾后要摘除全部花蕾，减少养分消耗，使养分全部用于植株的营养生长，促进母株的营养生长和匍匐茎抽生，以保证子苗质量。此外，早抽生的匍匐茎，由于子苗早发，导致植株根系老化，后期子苗产量降低，所以要及时摘除 4 月中旬以前抽生的匍匐茎，防止根系老化，促使 5—6 月发生的匍匐茎粗壮整齐，且产量较多，达到培育健壮子苗的目的。

在匍匐茎大量抽生时，应进行引茎和压茎，把匍匐茎引向两边的空处，使匍匐茎均匀分布，避免混杂或疏密不均，保证匍匐茎有足够的生长空间。同时，结合引茎的操作，在匍匐茎的偶数节位上压土，引导子苗的根系扎入土中，促进子苗生长。匍匐茎子苗出现短白根时，及时培土，提高繁殖系数。后期发生的匍匐茎由于生长期短，长势弱，应加以控制，使养分集中，保证前期子苗的生长。

定植成活后，要适当晾苗，在育苗期间，要进行多次中耕除草，疏松土壤，促进匍匐茎的抽生和匍匐茎上叶簇的发育，在匍匐茎抽生以后，可不再中耕，但仍需要除草。由于草莓老叶光合作用弱，且会产生抑制花芽分化的物质，所以需及时摘除老叶、黄叶、病叶，防止病害传播，促进花芽分化和匍匐茎苗的扎根生长。在生产上，从秧苗顶部往下数，第 6 片叶以下容易衰老，所以一般每株保留 4 ~ 6 片健壮的展开叶。

育苗期的水肥管理应分阶段实施。在开始生长期，可适当施少量氮肥。待 5—6 月匍匐茎大量抽生时，可视情况追加 1 次氮肥或复合肥，为保证匍匐茎的生长，施肥时要遵循薄肥勤施的原则。到 8 月上旬以后，育苗田的施肥需控制氮肥、增施磷钾肥，也可进行叶面施肥，以促进苗体的健壮生长和花芽分化。育苗田的浇水需遵循“凉时、凉地、凉水”的原则，在夏季高温时，浇水需在早晨或日落后，避免病害和植株萎蔫。雨季清理沟系，旱季间隙灌溉，注意田间持水量的变化。在高温季节，当草莓苗生长缓慢时，可通过通风和遮阴等方式，帮助草莓苗越夏。

当子苗抽生 4 片以上复叶时，可进行断茎操作，将与母株连接的匍匐茎截断，使子苗成为独立的植株。在花芽分化前 10 ~ 14 天可进行断根操作，通过抑制营养生长，子苗体内氮元素下降，碳氮比增加，促进花芽分化。育苗田的匍匐茎若产生太多，苗太密，会发生细弱苗，应及时疏除。一般冬季定植的母株苗保留 13 ~ 15 个匍匐茎，每条匍匐茎留 4 ~ 5 株子苗，春季定植的母株苗保留 11 ~ 13 个匍匐茎，每条匍匐茎留 3 ~ 4 株子苗，及时摘除茎尖，使养分集中供应，促使子苗健壮生长。

二、假植育苗技术

假植育苗技术就是将育苗田中的草莓苗先移植到假植圃内进行集中培养，再移栽到生产田中栽培。由于假植圃可以进行密植，灌水施肥便利，具有占地面积小、便于集中管理的优势，与大田育苗相比，培育的秧苗质量更加整齐均匀，新茎增粗，苗重增加，根系增多，起苗方便，缓苗期缩短，成活率提高。由于移栽过程经历了 1 次断根，使秧苗对氮肥的吸收减少，有利于花芽的分化和秧苗的健壮成长，提高草莓的产量。在上海地区，假植时期通常在距离定植到生产大田前 60 天左右，即 9 月 5 日左右定植，假植时间通常为 7 月 5 日—10 日。

假植苗的采苗标准通常为已经抽生大量根、带有 3 ~ 4 片复叶、健康的苗体，在靠母株一侧带 2 cm 蔓剪下，留作标记，便于日后确定在大田定向种植，同时要随采苗随栽，以利于成活。假植时，大苗、小苗要分开假植，种苗栽培深度要求为上不埋心、下不露根。

假植时遇到高温天气，应降低温度，通过覆盖遮阳网的方式，降低光照强度和温度，减少植株水分的蒸发，帮助秧苗越夏。假植苗成活后，应及时摘除老叶、黄叶、病叶、匍匐茎及腋芽，促进苗株健壮成长。

假植育苗的浇水规律为：假植前浇足水，移栽后浇足水，5～7天内保持土壤湿润，早上或傍晚浇1次水，成活后视土壤干湿程度浇水，若遇到高温天气，浇水时遵循“凉时、凉地、凉水”的原则。

假植后半月起至7月底前，结合浇水追施1次三元复合肥，以促进秧苗根系和地上部分的生长。草莓育苗后期应严格控制氮肥的施用，以促进花芽分化和秧苗的茁壮成长。

三、组培育苗技术

当生产方式长期采用无性繁殖和连作时，草莓品种往往会表现出单位面积产量下降、繁殖系数不稳定、果实品质下降、品种种性退化等现象，同时植株体内易积累各种病毒，病毒发生频繁，针对这一问题，生产中通常利用组织培养获得脱毒苗，减少植株带病带毒现象，培养优质壮苗。

由于植物感染病毒时，病毒在植株体内不同部位和植株部位的不同生长周期内分布不均匀，越靠近植株茎顶端的区域，病毒的携带量越低。实践中，草莓组织培养通常采用茎尖培养的方式，利用草莓匍匐茎的茎尖诱导出幼芽，然后通过腋芽的增殖迅速扩大繁殖，幼株经驯化培养后移植到大田。

操作时，要严格控制无菌条件，在解剖镜下切取茎尖生长点，茎尖剥离时应注意保留生长点，切取茎尖组织尽量小，以带一个叶原基的生长点为宜，长度为0.3～0.5 mm，将茎尖接种于最佳诱导培养基上进行生根诱导，如图1–12所示。经过

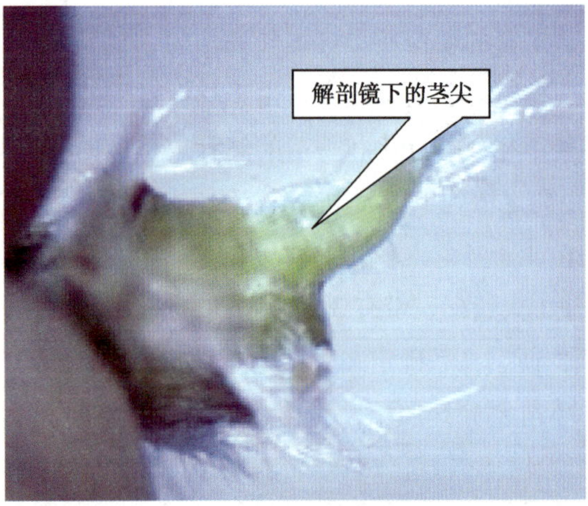

图1–12　草莓组培育苗技术

1～2 个月的培养，新芽可抽生叶片 4～5 枚。为扩大繁殖系数，通常要对再生新芽进行继代培养，将分化好的新芽转入新的培养基中，促进芽丛的增殖生长。在 3～4 周内可获得由 30～40 个腋芽形成的芽丛，并且展叶抽生出新茎，将芽丛中具有 2 片以上正常叶的新茎从瓶中取出，进行瓶外生根，余下的小芽丛再转接，进行继代培养。

由于实验室生产脱毒组培苗数量有限，且成本高，为进一步扩大生产，必须进行扩大繁殖，供生产使用。在生产上，主要进行草莓三级种苗繁育，即草莓原原种苗、原种苗和生产苗三级种苗繁育体系，草莓三级育苗生产技术流程如图 1–13 所示。

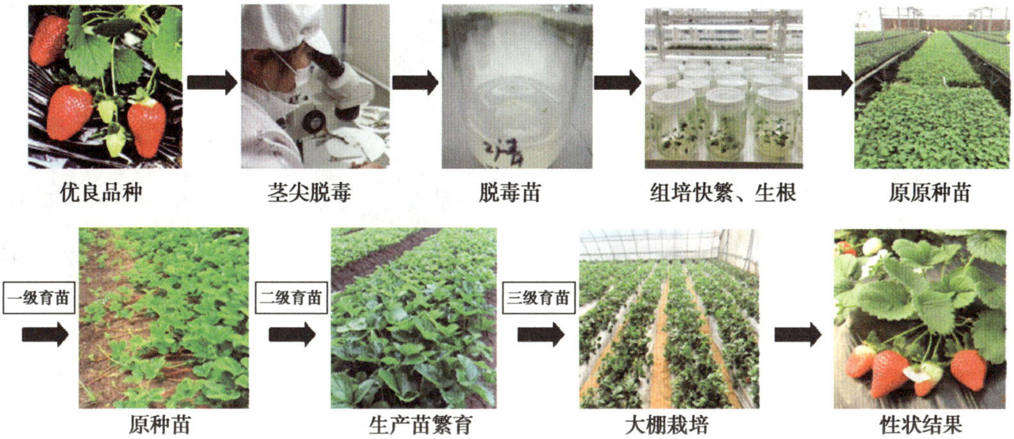

图 1–13　草莓三级育苗生产技术流程

原原种苗为在实验室无菌条件下切取茎尖生长点，置于适宜的培养基中培养出的实验脱毒种苗。种苗需进行病毒检测，实验脱毒种苗在长至 10 cm 后，可从培养瓶中移栽至苗床；原种苗是实验种苗的扩大繁殖；生产苗是原种苗通过繁育后获得的健壮苗。草莓脱毒生产苗的后期繁育主要通过匍匐茎繁殖法，其分蘖量大，育苗速度快，通过这种方法可以获得高质量种苗。在脱毒种苗应用到大田生产后，种苗会重新感染病毒，一般情况下年感染速度为 10%～20%，因此在经过 2～3 年生产后要重新脱毒，才能维持较高的增产效益。

茎尖培养产生的种苗脱毒效果好，同时节省土地成本，能进行工厂化生产，形成的草莓植株品质相对较好，应用前景广阔，目前该方法是生产上培育无毒苗较为广泛和重要的途径之一。

四、穴盘育苗技术

大田育苗方式繁殖的匍匐茎苗易受气候和土传病害的影响，种苗质量难以保证，而草莓穴盘育苗在栽培上具有成活率高、无缓苗期、苗齐苗壮、果实成熟早、经济效益显著等优点，因此生产上越来越多地采用穴盘育苗技术。

穴盘育苗基质材料包括蛭石、珍珠岩和泥炭。基质需要消毒灭菌后使用，基质中需加入复合肥或有机肥。高架育苗时，母株栽培架在连栋大棚内南北方向摆放，如图 1–14 所示。穴盘苗育苗圃应建在与母本圃相近的地块，地块大小根据穴盘苗繁殖数量定，一般每亩可放穴盘苗 7 万 ~ 8 万株，在穴盘苗定植前需搭建遮阳篷，提高子苗成活率。

图 1–14　母株栽培架

选取健壮母株进行繁育，6—9 月对子苗进行集中采集。选择具有三叶一心、无根或已有少量初生根的幼苗，用剪刀在子苗带匍匐茎 2 cm 处剪下，如图 1–15 所示。扦插前整理子苗，去掉根部前端匍匐茎及黄叶、老叶、病叶，在室温条件下，用 80% 可湿性粉剂萘乙酸（NAA）兑水配制成 15 mg/L 的水溶液浸泡幼苗根尖部位，以不没过芽心为宜，诱导子苗发出初生根或不定根。扦插时，穴盘需浇透水，在基质上扎孔，按住子苗根部插入基质中，应注意将子苗根部深埋，做到深不埋心、浅不露根，同时扶正子苗，并压紧、压实基质，用 Y 形扦插工具叉住匍匐茎，固定子苗，如图 1–16 所示。随着子苗的生长，应及时更换穴盘，通常苗龄越大，选择盘穴数少、孔径大的穴盘。

子苗扦插完成后，应立刻浇透水，同时做好品种和扦插时间标记。在育苗过程中，要注意湿度变化，为保证种苗健康生长，需维持基质在湿润状态，以防秧苗萎蔫。若提起穴盘苗时，根团不散，可不再喷水。在前期，要避免子苗受到阳光暴晒，网棚的遮阳网垂落至地面，阻挡阳光直射。穴盘苗炼苗可使叶片和根系发育更健壮，炼苗条件通常为增加光照，减少水分。若穴盘苗大片萎蔫，且高温下更为严重，这通常是由于植株失水导致的，浇水后可恢复。

扦插苗完成后要注意观察根部生长情况，当根部长满穴孔时及时定植，穴盘苗根系如图 1–17 所示。生长时间过短会导致穴盘苗根系未长满，定植时不易成活；时间过长会导致穴盘苗根系从穴盘孔中伸出，定植时容易伤根。

图 1-15　整理子苗

图 1-16　固定子苗

图 1-17　穴盘苗根系

五、育苗管理（见表 1-1）

表 1-1　育苗管理

月份	12 月—次年 2 月	3 月上中旬—5 月上旬	5 月中旬—7 月上旬	7 月中旬—8 月上旬	8 月中旬—9 月上旬	9 月	10 月	11 月
物候期	母苗越冬，子苗繁育产地环境选址	母苗定植与培育	匍匐茎子苗繁殖	子苗培育与控苗	子苗促花芽分化	起苗，质量分级与冷链运输	母苗基质苗床准备	母苗扦插定植
生产操作要点	扦插苗休眠越冬。育苗地选择冷凉区、排灌方便、未种植过草莓的地块，并翻耕过冬	每 20 天左右撒施三元复合肥 6～10 kg/亩。基质育苗每 7～10 天滴灌平衡型水溶肥 2～3 kg/亩	保持土壤湿润，中耕除草，水肥管理类同 4 月、5 月	当子苗布满畦面或出现旺长时，及时用三唑类农药等进行控苗，7 月开始停止根部施肥和叶面施肥	及时用三唑类药物进行植株控旺。停止根部施肥，叶片可喷施 3‰ 磷酸二氢钾促进花芽分化	按生产苗标准分级包装和销售。短距离运输使用冰袋；长距离运输时宜使用冷藏车，温度设置为 4～6 ℃	基质 pH 值 6.0～6.5，EC（溶液中可溶性盐浓度）值 <0.5 mS/cm。定植前保持基质湿润。穴盘育苗宜配备滴灌带，采用根部浇水	定植后 7 天内叶面每天喷施水分 2～3 次，棚内以温度 23～26 ℃、湿度 70%～85% 为宜，以促进新根发生
目标	原原种苗：纯度 100%，无毒率 100%，病株率 0；原种苗：纯度≥99%，无毒率 100%，根茎部病害≤2%；生产用种苗：纯度≥99%，无毒率≥96%，根茎部病害≤5%。单株要求具有 3 片及以上功能叶，芯茎直径≥0.8 cm，初生根数量≥8 条，初生根长≥8 cm。生产用种苗土壤育苗产量≥50 000 株 / 亩							

六、育苗期绿色防控技术

苗期病害主要是炭疽病、黄萎病、白粉病。真菌性病害以预防为主，在 6—8 月每隔 7 ~ 10 天用 1 次药剂能达到较为理想的防控效果。炭疽病和黄萎病可交替使用 250 g/L 嘧菌酯、10% 苯醚甲环唑、250 g/L 吡唑醚菌酯、500 g/L 氟啶胺等药剂；白粉病可交替使用 1 000 亿芽孢 /g 枯草芽孢杆菌、42% 唑嘧 · 氟酰胺、40% 腈菌唑等药剂。苗期若产生细菌病害，可施用春雷霉素、四霉素进行防治。

虫害主要有夜蛾、螨类害虫和地下害虫。可交替使用 6% 乙基多杀菌素、20 亿 PIB/mL 甘蓝夜蛾核型多角体病毒等防治夜蛾，红蜘蛛可以使用 0.5% 藜芦碱、110 g/L 乙螨唑、43% 联苯肼酯、30% 乙唑螨腈等进行防治。在喷药时注重叶片正反面均匀喷雾，以提高防治效果。地下害虫主要有蛴螬、蝼蛄、地老虎等，傍晚泼浇 90% 敌百虫（美曲磷酯），能起到有效防治效果。

育苗后期为控制种苗徒长，可施用拿敌稳矮化控苗。距定植到大田 1 个月左右时，不宜再使用唑类药剂控苗，防止影响草莓正常生长。

学习单元 3

定植

一、定植前准备

1. 选地

草莓生长选地以肥沃疏松、有机质丰富、具有排水和保肥保水能力的沙壤土或壤土为宜。在土壤的酸碱度上，草莓适宜在中性或微酸性土壤中生长。草莓开花结果期和夏秋高温干旱季节，要进行人工灌溉，园地需具备良好的灌溉条件，还要考虑到暴雨季节的排水问题，地块的地下水位要低。因此，定植园地应选在光照充足、地势平坦、排灌方便的地点。在上海地区，为了使采光充足，有利于草莓生长，大棚搭建方向以南北向为宜。

2. 整地做畦

土壤深耕 30 cm 左右为宜，深耕过的土壤还需经多次细耙，使土壤沉实平整。定植前翻耕大田，应提前 10 ~ 15 天结合翻耕施用基肥，施基肥要全园撒施均匀，如图 1–18 所示。然后耕翻土壤，使肥土充分混合。基肥施肥时一定要充足，第二年春季补充适量复合肥就可满足植株健壮生长的要求。

图 1-18　撒施肥料

采用高畦栽培，畦面到沟的深度通常为 25 ~ 30 cm，沟底宽 20 cm，畦面在 40 cm 左右，畦与畦之间的高度要一致，如图 1-19 所示，沟底平整，利于后期排灌水。高畦在有利于排灌的同时，还能保持土壤疏松、通风、透光，有利于植株的生长，果实着色好、品质高、不易被泥土污染。

图 1-19　整地做畦

定植前要彻底清除杂草，尤其是多年生宿根杂草，杂草过多会影响草莓生长。在除草时，通常选用药剂施田补，土壤潮湿时可提高除草效果，通常移栽前 3 ~ 5 天施用除草剂。

定植园土壤需进行消毒，减轻后期土传病害、草害和虫害的防治难度。土壤消毒是一年一栽制大棚草莓生产的标准技术，已在重复栽植草莓的重茬土地上广泛推广应用并取得了一定的效果。

二、定植

1. 起苗

生产苗起苗前应进行植株整理，除去部分黄叶、老叶、病叶和黑色老根，减弱植株叶片蒸腾作用，促进新根抽生。起苗前若苗田偏干，需提前 2 天浇足水，方便带土起苗，提高秧苗的成活率。在起苗前 2 ~ 3 天需进行 1 次化学防治，带药移栽有助于防病治虫。起苗后应药物浸根，可选择凯润作为浸根药剂，控制定植后病原菌传播，药剂用量以没过苗株根部、不没过芽心为宜。

2. 选择生产苗

大棚栽培建议选用优质、高产、抗逆性强、商品性好的浅休眠品种，如红颜、章姬、丰香、圣诞红、红玉、宁丰等适宜弱光照、耐高温、耐湿的品种。设施栽培中要保障生产苗质量，由于草莓果实发育期较短，短时间内完成营养生长和生殖生长需要消耗大量养分，健壮生产苗是保障优质高产的前提条件。选取健壮种苗的形态标准为新茎粗壮、叶柄不宜过长、叶片厚、全株鲜重高于 35 g，根系发达、白根多，如图 1–20 所示，根部质量约为植株总质量的 40%。健壮种苗要求全株无病斑，可选取若干生产苗，通过纵切、横切茎基部进行观察，健康生产苗茎基部切面通常为白色，若茎基部含有褐色、黄色等病斑、空洞、菌脓，则为病苗，不可选用，如图 1–21 所示。在有条件的情况下，可以选择通过组织培养所得的脱毒苗，减少病原物。

3. 定植时间

秋季定植时间应视各地气温与土壤温度的变化而决定，适当提早定植，有利于提早开花结果，虽影响了产量，但售价高，经济效益优。上海地区大棚栽培的适宜定植时间为 9 月上中旬，若 8 月下旬—9 月上旬温度较高，定植时间比往年推迟，定植时要避开高温天气，控制气温在 30 ℃以下，最好选择阴天和多云天气的早晚时分定植，阴雨天因空气湿度大，叶片蒸发量小，避免了阳光暴晒，可加快缓苗，提高秧苗成活率。

图 1-20 选取健壮生产苗

图 1-21 病苗茎基部

4. 定植要求

（1）定植密度。定植密度要根据栽植制度、土壤肥力、品种等因素决定。株型小的草莓品种定植密度可增加；常规品种的生长势强，冠幅大，为保证植株的生长空间，栽植株行距可适当放大。常规栽培技术，草莓苗定植时，通常在宽 40 cm 畦上栽 2 行。每亩草莓的株数应控制在 6 000 ~ 8 000 株为宜，即株距 15 ~ 20 cm，每亩最多不超过 1 万株。上海地区主栽品种红颜草莓苗定植株距为 20 cm 左右。

（2）栽植方向。草莓的花序从新茎上伸出有一定规律，因而栽苗时应注意草莓苗新茎弓形方向，注意定向种植，便于后期果实的采光和采收。通常植株新茎略呈弓形，花序向弓背方向抽生。为了后期草莓的生长和田间管理，使每株抽出的花序均在同一方向，栽苗时应将新茎的弓背朝向固定的方向，一般新茎的弓背方向向外。

（3）栽植深度。栽植深度是草莓成活的关键，过深和过浅都会降低成活率。栽植过深，苗心被土埋住，不利于秧苗生长；栽植过浅，根状茎外露，不易产生新根，引起秧苗干枯死亡。合理的深度应使苗心与地面平齐，遵循“深不埋心，浅不露根”的原则。具体操作方法为先把土挖开，把根舒展后置于穴内，将苗心露出并紧贴土壤，并将周围土壤压紧固定，然后填入细土，压实，并轻提秧苗，使秧苗根系与土紧密结合，栽后要立即浇 1 次定根水。浇水后如果出现露根苗、淤心苗，或花序预计伸出方向不一致的植株，为保证定植的高质量，应及时调整植株，重新栽植，漏栽的应及时补苗。

5. 提高草莓移栽后成活率的措施

在定植前可对根系进行药物处理，药物浸根能促进草莓苗的生根和生长。常用的浸根药物有 5 ~ 10 mg/L 萘乙酸或萘乙酸钠，浸根 2 ~ 6 h，效果显著，新根发生量比对照组增加近 1 倍。定植前应剪除秧苗部分老叶和黑色老根，降低植株叶面的蒸腾作用，促进新根的抽发。近距离栽植可采取带土移栽的方法，可以缩短缓苗期，提高植株的成活率，特别是对灌溉条件较差或土壤条件较差的地方，带土移栽能够提高草莓苗的成活率。

定植后立即浇透水，保持土壤湿润并起降温作用。浇水时要注意土壤的干湿程度，雨水过多应及时排水，避免土壤湿度过大导致通气不良，影响秧苗根系呼吸，导致沤根、烂苗，降低秧苗的成活率。栽后若遇晴天烈日，在积极补充水分的同时可采用遮阴措施，可以采取覆盖塑料遮阳网、绿色或银灰色塑料薄膜等方法，降低苗体水分蒸腾，促进早活棵，缩短缓苗期。秧苗成活后，要及时晾苗，注意通风，以免突然撤除遮阴物时灼伤幼苗。

三、定植后田间管理

通常在生产苗定植、成活后需将腋芽、匍匐茎及老叶、黄叶、病叶摘除，避免养分消耗，达到防病、促生长的目的。在定植后 3 天内每天早晚灌 1 次小水，经 4 ~ 5 天后改为每 2 ~ 3 天灌 1 次小水，保留半沟水并配合畦面浇水，2 ~ 3 h 后排去沟中的水，保持土壤湿润，促进活棵。活棵后土壤状态应干湿相间，以潮为主，这种湿度条件有利于根系生长。若遇到多雨天气，应保持沟渠畅通。9 月底前，原则上不施化肥。10 月上旬施用复合肥 20 ~ 30 kg/ 亩，溶解于水后普浇 1 次。若植株的生长势较弱可追肥 2 次，间隔 7 ~ 10 天。若基肥充足，定植草莓苗成活后生育过剩，再施用肥料则会造成异常花发生。理想的生长势是在定植后到见新花蕾，新生复叶达到 5 ~ 7 片，叶片肥大，叶色青绿，苗体健壮。

技能要求

整地做畦

操作准备

1. 未旋耕过的农田一块。
2. 铁耙 1 把，平板铲 1 把，卷尺 1 把。
3. 有机肥适量。

操作步骤

步骤 1 使用工具翻耕土壤，深度 30 cm，使地块表面平整，无土块，土壤紧实。

步骤 2 地块均匀撒施有机肥，结合施肥再次翻耕土壤，使土肥充分混合。

步骤 3 使用工具做畦，畦的长度和宽度分别为 2 m 和 1.7 m，畦面略呈龟背形。

步骤 4 使用工具开挖田间沟，沟底平整，沟的长度为 2 m，沟的宽度大于 30 cm，沟的深度大于 30 cm。

步骤 5 操作完成后，操作工具复位，保持整洁。

移栽种苗

操作准备

1. 已旋耕过的农田 1 块。
2. 铁耙 1 把，平板铲 1 把，卷尺 1 把。
3. 种苗 15 株，水 1 桶，水舀 1 只。

操作步骤

步骤 1 挑选种苗，选取标准为植株健康、完整，新茎粗 1 cm 以上，叶柄短粗，具有 5 ~ 7 片发育正常叶片，根系发达。

步骤 2 整理种苗，将选取的种苗摘去老叶、黄叶、病叶及全部花蕾，保留三叶一心。

步骤 3 移栽的株距为 35 ~ 40 cm，保证植株有充分的生长空间。

步骤 4 移栽时，注意种苗茎部弯曲凸面朝向畦面土壤一侧，把根舒展后置于穴内，将苗心露出并紧贴土壤，上不埋心，下不露根，并将周围土壤压紧固定，然后填入细土、压实，并轻轻提一下苗，使根系与土紧密结合。

步骤 5 移栽完成后浇足活棵水，同时查看是否存在淤心苗，是否有露根或松动情况，使植株抽生匍匐茎方向保持一致。

步骤 6 操作完成后，操作工具复位，保持整洁。

生产苗起苗

操作准备

1. 苗田 1 块，遮阴场所 1 处。
2. 药剂 1 桶，水舀 1 只，插刀 1 把，蛋糕箱 1 个。
3. 生产苗 30 株。

操作步骤

步骤 1 起苗操作不损伤苗根，根系完整，带土起苗。

步骤 2 整理植株，摘去匍匐茎及老叶、黄叶、病叶。

步骤 3 将苗株按照大小进行放置，按照健壮苗标准保留苗株（健壮苗标准：植株健康、完整，新茎粗 1 cm 以上，叶柄短粗，具有 5 ~ 7 片发育正常叶片，根系发达）。

步骤 4 选择合适的浸根药剂，苗株竖直在浸根容器中摆放整齐，药剂用量以没过苗株根部、不没过芽心为宜。

步骤 5 将苗株摆放在遮阴处。

步骤 6 操作完成后，操作工具复位，保持整洁。

定植生产苗

操作准备

1. 已开沟做畦草莓大棚 1 个。
2. 药液 1 桶，清水 1 桶，水舀 1 只，插刀 1 把，蛋糕箱 1 个。
3. 生产苗 30 株。

操作步骤

步骤 1 选择合适的药剂浸根，苗株竖直在浸根容器中摆放整齐，药剂用量以没过苗株根部、不没过芽心为宜。

步骤 2 定植的株距为 15 ~ 20 cm，行距为 20 ~ 25 cm，保证植株有充分的生长空间。

步骤 3 定植时注意生产苗茎部弯曲凸面均朝向外侧（临近沟的方向）。定植时把根舒展后置于穴内，将苗心露出并紧贴土壤，上不埋心，下不露根，并将周围土壤压紧固定，然后填入细土、压实，并轻轻提一下苗，使根系与土紧密结合。

步骤 4 定植后浇足活棵水，同时查看是否存在淤心苗，是否有露根或松动情况。

步骤 5 操作完成后，操作工具复位，保持整洁。

测试题

一、判断题（将判断结果填入括号中。正确的填“√”，错误的填“×”）

1. 不同草莓品种可采用相同的栽培方式。（　　）
2. 在草莓开花结果期，应该定期摘除功能叶，减少养分消耗。（　　）
3. 在草莓开花结果期进行叶面喷肥、疏除无效花蕾可促进果实发育。（　　）
4. 昼夜温差小，光合产物积累多，易形成个大、品质好的果实。（　　）
5. 大田育苗与假植育苗相比，培育秧苗质量更整齐均匀。（　　）
6. 穴盘育苗基质需要消毒灭菌后使用。（　　）
7. 距定植到大田 1 个月左右时，不宜再使用唑类药剂控苗，防止影响草莓正常生长。（　　）
8. 生产苗定植后需过 1 天后浇水，并整理淤心苗和露根苗。（　　）

二、单项选择题（选择一个正确的答案，将相应的字母填入题内的括号中）

1. 草莓是蔷薇科草莓属，为（　　）植物。

A. 多年生常绿草本　　B. 多年生常绿木本

C. 一年生常绿草本　　D. 一年生常绿木本

2. 草莓根系发育与坐果关系为（　　）。

A. 坐果越少，根量越少　　B. 坐果越多，根量越多

C. 坐果越多，根量越少　　D. 坐果数与根量无关

3.（　　）是由新茎上的腋芽当年萌发出的特殊的地上茎。

A. 匍匐茎　　B. 根状茎　　C. 主茎　　D. 新茎

4. 育苗时，母株现蕾后要（　　），促进植株营养生长，保证子苗质量。

A. 施肥促进开花　　B. 摘除全部花蕾

C. 灌水促进植株生殖生长　　D. 摘除匍匐茎

5. 大田育苗时，8 月上旬育苗田施肥时应（　　）。

A. 控制氮肥、增施磷钾肥　　B. 控制氮、磷、钾肥

C. 增施氮肥、控制磷钾肥　　D. 增施氮、磷、钾肥

6. 生产苗定植时，应将苗心（　　），并将周围土壤压紧固定。

A. 深埋　　B. 高于土壤一段距离

C. 浅埋　　D. 露出并紧贴土壤

7.（　　）无法提高移栽成活率。

A. 移栽前药物浸根　　B. 定植后浇透水

C. 带土移栽　　D. 移栽后保温

8. 育苗后期为控制种苗徒长，可施用（　　）矮化控苗。

A. 艾绿士　　B. 特福力　　C. 拿敌稳　　D. 施田补

测试题参考答案

一、判断题

1. ×　2. ×　3. √　4. ×　5. ×　6. √　7. √　8. ×

二、单项选择题

1. A　2. C　3. A　4. B　5. A　6. D　7. D　8. C

培训任务 2

大棚栽培

培训目标

了解草莓大棚的构造。

掌握土壤消毒的具体操作。

掌握田间温湿度调控、肥水管理、覆膜、植株管理的具体操作。

掌握果实采收的具体操作。

能够进行高温闷棚操作。

能够整理植株。

能够铺地膜。

能够采收果实。

学习单元 1

栽培准备工作

采用大棚栽培可以极大缩短草莓生育期，但对栽培技术有较高要求。草莓栽培准备工作通常包括草莓园地土壤消毒、草莓生产配套设施建造等。栽培前期准备工作十分重要，通过降低土壤中有害生物密度、创设适宜草莓生长的环境，进而保障种源和土壤质量，降低后续病虫害防治压力，为提高果实产量和品质打下基础。

一、草莓大棚构造

大棚的走向采取东西向或南北向均可，理想朝向为南北向，一定要保证草莓苗采光充足。草莓大棚应建设在通风良好、地势平坦、土质疏松、土壤肥沃、酸碱度适宜、排灌方便的地块。当地势不平时，应在光照良好、背风向阳的南坡建造大棚，不可选用风口、雹带及光照不充足的阴坡。土壤应疏松，具有较好的保肥、保水性，地下水位不能过高，否则有涝害危险。土壤以沙壤土和轻壤土为宜，如果土壤板结、黏重、pH 值偏高或偏低，应对土壤进行改良，以适宜草莓生长。

上海地区塑料大棚通常由钢架进行支撑，为圆拱形结构，如图 2–1 所示。八分大棚宽度通常为 6.5 m，长度为 80 m，选用厚度为 0.08 mm 的聚乙烯透明膜或白色透明无滴膜进行覆盖。以南北向大棚为例，将棚膜四角固定在钢管上，南北两侧设置出入口，东西两侧设置放风窗，用于调节棚室内温湿度。在棚外，两个棚室中间的土壤可用防草地布覆盖，以减少病原菌的中间宿主，在两个棚室的放风口之间建议设置防虫纱网，以减少虫源迁徙危害，如图 2–2 所示。山东等北方地区的草莓大棚通常采用半拱形钢管结构，如图 2–3 所示。

近年来，草莓产业逐渐规模化、集约化，除了常规大棚栽培，种植户通常应用连栋大棚进行栽培管理，如图 2–4 所示，连栋大棚内可进行育苗栽培、常规栽培或立架栽培等。大棚采用中央环境自动控制装置，可实时监测并调节棚内空气温湿度、光照度、土壤温湿度、二氧化碳浓度（通常指体积分数）等；大棚两侧设置通风口，配有电动卷膜机；大棚顶部配有内外遮阳布用于夏季遮阳，顶部保温棉被用于冬季保温，两侧设置湿帘风扇等进行夏季降温；大棚内设置喷灌系统，进行日常喷水、打药等田间操作。连栋大棚内设施如图 2–5 所示。虽然一次性投入成本较高，但具有规模化、便于精细化管理、节约人工等优点。

图 2–1　上海地区塑料大棚结构

图 2–2　设置防草地布和防虫网

图 2-3　山东地区塑料大棚结构

图 2-4　连栋大棚基质育苗及立架栽培

图 2–5　连栋大棚内设施

二、克服连作障碍

1. 连作障碍的表现

草莓产区通常在同一地块上连年种植草莓，由于养分过度消耗、土壤理化性质恶化、病虫害增加、有毒物质累积，极易产生连作障碍，通常草莓连作年限越长，连作障碍越重。连作障碍通常表现为土壤板结，由于土壤上方常年被植物覆盖而使水分平衡失调，土壤水分蒸发量大，土壤中肥料和无机盐随着水分蒸发沿土壤毛细管上升，在土壤表面会积累一层白色盐分，导致土壤盐渍化，如图 2–6 所示。长期施用肥料及植物自毒作用使土壤中离子平衡遭到破坏，导致草莓根系生长不良，造成草莓产量低、果实品质差等问题。土壤理化性质的改变使有益微生物生长受到抑制，有害微生物基数越来越高，造成了肥料分解过程的障碍，加大了肥料滥用的风险。同时，由于常年发生同种类病虫害，使草莓灰霉病、白粉病、根腐病、枯萎病等病原物无须越冬，草莓抗逆性变差，病虫害逐年加重。生产者只能通过加大化学农药的使用量来控制，对草莓食品安全和环境安全产生威胁。

2. 克服连作障碍的主要措施

（1）轮作。轮作可以有效改善土壤理化性质，改善土壤 pH 值，增加土壤中有益微生物数量，改善作物生长微环境。最理想为水旱轮作，如水稻与草莓轮作，如图 2–7 所示，草莓前茬选择水稻田能够极大减少病虫害基数，水稻田灌水可淹死大量有害的好气性病原真菌和虫卵，降低后茬草莓病虫害防治压力。在草莓设施栽培中通常选用茬口适宜的玉米进行轮作，玉米结束后将秸秆打碎作为绿肥施用，以培肥土壤，减轻连作障碍。

图 2-6　土壤盐渍化

图 2-7　水稻与草莓轮作

（2）太阳能高温消毒土壤。将连作草莓的田块在 7—8 月高温期用拖拉机深翻旋耕，加入土壤消毒剂，灌水后用塑料薄膜盖严后进行高温闷棚，土壤中盐分随着灌排水排出，减轻连作障碍。

三、高温闷棚

通过在土壤中施用消毒剂、绿肥并结合灌水高温闷棚，杀死土壤中有害病原生物，每亩成本仅 300 元左右，具有投资小、见效快、易操作、效果好的特点。应用漫灌水和施用有机物，可快速还原土壤结构，排水的同时去除了土壤盐分，有效克服草莓连作障碍；闷棚时充分采用生物材料，如秸秆、谷壳、稻草、土壤消毒剂等，起到土壤消毒和土壤改良的双重作用；湿热环境中使杂草在短时期内发芽，结合土壤消毒剂的除草效果，灭杀田间大部分杂草。大量田间研究表明，高温闷棚可使草莓增产10%，且能改善草莓品质。通过土壤消毒剂抑制多种病虫害的发生，也减少了后期病虫害防治中化学农药的使用，减少农药残留，保障草莓生产安全。

1. 土壤消毒剂

（1）氰氨化钙。氰氨化钙的化学式是 $Ca(CN)_2$，俗称石灰氮，性状为黑灰色粉末，质地轻，不溶于水，带有电石臭味，氮含量21.5%、钙含量38.5%，具有消毒及增肥的作用。

氰氨化钙对于土壤的作用有以下几点。

第一，土壤消毒。氰氨化钙分解会形成中间产物氰胺和双氰胺，二者都具有杀菌、杀虫的作用，可有效防治草莓炭疽病、枯萎病、黄萎病等，有效防治地下害虫和杀灭根结线虫，预防草莓根结线虫病，并能有效抑制单子叶杂草的萌发，减少田间杂草为害。

第二，释放氮肥。氰氨化钙不溶于水，区别于其他速效肥料，其氮素需经过多次水解才可以被植物吸收利用，它具有缓释的特点，释放过程中，有效成分可以全部分解为可吸收的氮，无有害物质残留，可以补充大多数作物的氮肥，对于基肥的补充具有很好的效果，氰氨化钙的肥效持续长达3~4个月，可减少前期基肥无机氮的施用。

第三，补充钙元素。钙元素对于草莓生长发育具有重要的作用，营养生长期缺少钙素会影响草莓叶片生长，产生焦尖、心叶变形、植株皱缩等问题，生殖生长时期缺少钙素会引起植株花芽焦黑坏死、果实品质下降等问题，氰氨化钙含钙量较高，缓慢释放可溶性钙元素可及时补充草莓前期生长发育对钙元素的需求。

第四，改良土壤。氰氨化钙是一种碱性肥料，能防止土壤特别是大棚内土壤的酸化。

（2）棉隆。棉隆的化学式是 $C_5H_{10}N_2S_2$，是常用的广谱型低毒性杀菌剂，可以防治真菌、地下害虫和杂草。在土壤中分解生成甲氨基甲基二硫代氨基甲酸酯，并进一步生成异硫氰酸甲酯，可用于基质栽培、大田栽培等土壤处理，能有效地防治土壤真菌，如丝核病菌、镰刀菌等，对地下害虫虫卵、线虫等有害生物有杀灭作用，还能抑制杂草生长。实践表明，在草莓栽培中应用棉隆对预防枯萎病、黄萎病等土传病害有较好的效果。棉隆用药量应根据土壤质地、土壤温湿度等因素决定，施药前应仔细整地，在土层深度20 cm进行撒施或沟施，施药后立即盖土，如土壤较干燥，施用棉隆后应浇水，使水分保持在80%以上，然后覆上塑料薄膜。土壤的温度保持在12~18 ℃，覆膜天数受气温影响，温度高则覆膜时间短，温度低则覆膜时间长。揭膜后对土壤进行深翻透气，土温越低，透气时间越长。棉隆的活性受土壤的温湿度及结构影响，施药剂量要根据当地条件进行调整。棉隆具有改良土壤的作用，其活性成分能迅速扩散到土壤颗粒间发挥作用，减少土壤板结，提高肥料利用率。

在生产实践中建议多种不用类型土壤消毒剂轮换使用，以达到更好的消毒效果。例如，应用氰氨化钙和太阳能高温闷棚效果不理想的细菌性病害高发田块，可以选用棉隆、威百亩等进行土壤消毒，选用时应结合实际病害发生特点。

2. 操作步骤

夏天棚内晴天温度可达 70 ℃，为了保障土壤消毒效果，应保证地表 20 ~ 30 cm 以下的地温达 45 ℃以上，只有长期处于高温环境下，绿肥和有机肥才能够充分腐熟，增加土壤有机质含量和团粒结构，同时必须在长期淹水情况下，有害的好气性病原真菌才能被抑制、灭杀，所以提高土温和保证灌水是高温闷棚的关键环节。具体操作步骤以上海市青浦区草莓大棚栽培为例。

（1）播种玉米。可以结合草莓茬口选用在 6 月下旬—7 月上旬采收的早熟矮秆玉米品种，在草莓收获前在大棚内进行穴播；或选用普通玉米品种，在草莓采收结束整地后播种。玉米栽培管理同常规，施适量氮肥以促进生长。

（2）翻耕。约 7 月上旬，在玉米植株长至 1 m 左右时（或早熟矮秆品种采收后）将玉米秸秆充分打碎还田，如图 2–8 所示。同时每亩施用氰氨化钙 30 ~ 40 kg，连同有机肥均匀撒在大棚内，深翻土壤 20 cm，使其与土壤充分混合，如图 2–9 所示。

（3）上水和覆膜。拖拉机翻耕均匀后，立即上水，特别是玉米长势旺盛的大棚，一定要经常灌水，保持棚内土壤处于淹水状态，使玉米和有机肥腐烂分解。为增大表面积以提高热吸收效率，地表要覆盖透明薄膜进行密封以保温保湿，如图 2–10 所示。闷棚期间利用氰氨化钙分解中间产物和太阳能高温，以及玉米和有机肥分解产生的热量使土壤温度升高。对发病严重的田块，在地表覆膜的同时可以加一层棚膜，中午棚内温度达到 80 ℃以上，土壤消毒效果更好。

图 2–8　玉米秸秆打碎还田

图 2-9　施用氰氨化钙

图 2-10　上水和覆膜

（4）闷棚。将地膜四周严密固定，同时扣紧大棚膜，避免通风，持续闷棚 25 天以上，有条件的情况下建议保持密封、灌水、高温的状态 40 天以上，以保证消毒杀菌的效果。

（5）深翻。由于土表温度高，消毒效果好；下层温度低，病菌不易杀死，闷棚 25 天后可以揭膜用拖拉机深翻，将下层土壤翻到表面，继续覆膜上水至定植，更加有效地杀死土壤中的病原菌、地下害虫、杂草种子。

（6）揭膜。8 月中下旬消毒结束后去除大棚膜和覆盖的地膜，确保通风以降低地温，施用氰氨化钙后，闷棚过程中会释放氨气，应在闷棚处理结束通风 10 天后再种植草莓，否则极易引起死苗。可用拖拉机翻耕，让土壤自然吸干水分，恢复自然的旱田状态，准备移栽。

3. 增施微生物菌肥

选择广谱性的土壤消毒剂进行高温闷棚消毒后，田间有害微生物和有益微生物均被杀死，土壤中微生物环境遭到破坏，为了保障草莓苗正常生长发育，在土壤通风晾田后，施用微生物菌肥补充土壤中有益微生物。微生物菌群的生命活动可以改善土壤环境，多种枯草芽孢杆菌均有分解土壤成分、释放肥力、限制有害微生物生长繁殖、预防病害、促进草莓生长发育的效果。微生物菌肥应避免在晴热的中午施用，施用后应及时翻耕盖土，避免高温对微生物的损伤。

学习单元 2

大棚促成栽培

一、温湿度管理

1. 温湿度管理基础知识

温湿度管理是大棚草莓栽培的重要环节，草莓生产不断趋于精细化，草莓各生长阶段的温湿度需求也逐步明确，在合适的生长时期要通过多种方法进行调节，以保证草莓正常生长发育。

大棚的增温和保温主要靠白天阳光透过薄膜加热棚内空气以及植物蒸腾作用使棚内温度不断升高，大棚的降温主要通过大棚四周的放风口和通风窗调节。常规品种草莓根系在 2 ℃时开始活动，5 ℃以上花芽开始萌动。根系适宜的生长温度为 15～20 ℃，植株适宜的生长温度为 20～25 ℃，花芽分化的适宜温度为 5～25 ℃，温度过高或过低都会影响草莓正常生长。草莓扣棚膜保温后，棚内温度迅速升高，要注意温度调节，上午 10 时左右温度超过 35 ℃时应及时放风降温，使温室温度维持在白天 28～30 ℃、夜间 12～15 ℃，最低不能低于 8 ℃；扣棚膜后 30 天左右开始现蕾，现蕾期温度以白天 25～28 ℃、夜间 10 ℃为宜，夜温不宜过高，若超过 13 ℃将导致腋花芽退化和雌雄蕊发育受阻；在草莓开花期做好温度调节有利于花粉发芽，要进行必要的温度调控，开花期棚内温度以白天 23～25 ℃、夜间 8～10 ℃为宜，草莓花药开裂适宜温度为 13.8～20.6 ℃，最低不能低于 11.7 ℃，温度过低花药不能开裂，影响授粉受精；果实膨大前期，棚内温度维持在白天 20～25 ℃、夜间 6～8 ℃；果实生长后期适当降低棚温，白天保持在 22～25 ℃，夜间保持在 5～8 ℃。

草莓根系浅，植株小，叶片大，蒸腾作用强，对水分有较高要求，在保温开始后，大棚内温度高，蒸腾作用明显，土壤容易缺水，水分不足会导致草莓根系生长受阻，植株发育迟缓。因此，在开花前要注重草莓根系的发育，以保障草莓优质高产，结合田园情况合理利用沟灌、滴灌、喷灌等措施，经常保持土壤潮润，保持土壤“湿而不涝，干而不旱”。从生产实践看，植株是否缺水不完全取决于土壤是否湿润，要在清晨观察植株吐水情况，上午 10 时以后随棚温增高，吐水现象开始消失，如果植株清晨不吐水，应视为缺水。草莓移栽活棵后，土壤应干湿相间，垄面保持潮湿，有利于根系的生长。如遇到多雨天气，要保持沟系畅通，雨停沟干。如遇到干旱天气，可适量灌水，半沟水配合浇水，保持 2～3 h 后排去沟里多余水分；花芽分化期应适当控水，可促进花芽分化，防止徒长；现蕾至开花期田间持水量应保持在 70% 左右；开花前 1 周左右，应停止浇水；开花后，结合施肥进行浇水；果实膨大期至成熟期对水分需求量更高，要保持土壤湿润，提倡膜下滴灌，田间持水量应保持在 80% 左右。

由于土壤中水分蒸发和植株的蒸腾作用，扣棚后棚内湿度非常高，清晨通常达到 100%。湿度高不利于草莓正常生长发育，且易发生病害，若棚内湿度过高，应及时通风降湿，由于降湿和保温十分重要，应同时考虑多方面着手降低棚内湿度，铺地膜时将土壤全部盖严或转换灌溉方式，采用滴灌等方式降低棚内湿度。由于在清晨湿度最高时棚内仍需要保温，所以不宜通风过早，上午是通风的最佳时间，其他时间段通风降湿要在确保温度的基础上进行。

2. 温湿度调控技术要点

（1）应用水肥一体化。通过应用滴灌可以有效降低棚内湿度，通过滴灌进行草莓肥水的精准管理，避免了水肥过量或施用不均匀，节水省工。水肥一体化还可以准确控制土壤中盐分，同时通过滴灌设备进行根施，如应用木霉菌、枯草芽孢杆菌等生物制剂进行根部病害的预防。

（2）稻草、谷壳等覆沟。如果处在排灌不利的地块，沟中经常会积累水分，不利于草莓根系的生长，同时也为病原微生物的繁殖和传播创造了条件。在沟中可采用干净的稻草、谷壳等覆盖住裸露的土层，如图 2–11 所示，降低棚内湿度，减少土壤中病原微生物的繁殖和扩散。

（3）覆膜。种植垄上覆盖黑色膜可防治杂草，同时还可以降低土壤中水分的蒸发，覆膜时要保证地膜将整个畦面罩紧、压实。

图 2-11　沟内覆盖稻草或谷壳

（4）通风降湿。在草莓大棚栽培的冬季和早春，白天温度上升后，在确保大棚保温的同时，可以先打开背风处通风口、再打开迎风处通风口，待温度升高后再逐步拉开两侧通风窗，以降低大棚内湿度，减少草莓灰霉病的发生。

（5）大棚清洁。开花结果期要加强通风，及时摘除田间过剩的老叶、黄叶、病叶，减少植株的蒸腾作用，改善植株通风环境。果实采收结束后及时摘除病果，防止病原菌飞散后在合适的温湿度下萌发侵染。

二、肥水管理

大棚促成栽培的草莓生育期极大缩短，结果批次多，短期内开花结果必须补充充足的养分。除了氮、磷、钾等大量元素，还需要钙、镁、铁、硼等中微量元素的持续供应才能促进草莓早熟优质高产。草莓对养分非常敏感，施肥过多或不足都会影响草莓生长发育和产量、品质。一般来说，每生产 1 000 kg 草莓，需氮（N）6 ~ 10 kg、磷（P_2O_5）2.5 ~ 4 kg、钾（K_2O）9 ~ 13 kg，草莓初期吸肥量较少，进入开花期后吸肥量逐渐增加，随着果实不断采摘，吸肥量更多，特别是对钾和氮的吸收。在生产中，各时期施肥应结合草莓对肥料的吸收量来综合考虑。肥料的施用应根据土壤肥力和植株长势进行调整，通常草莓生长前期 N：P_2O_3：K_2O 比例约为 1.2：0.7：1.1，中期约为 1.1：0.5：1.4，后期约为 1.0：0.3：1.7。

1. 基肥

施足基肥是草莓取得高产的前提条件，基肥推荐以有机肥为主，有机肥可以改善土壤理化性状，提高土壤有机质含量，有机肥应腐熟后施用，不建议应用未腐熟的有机肥。也可采用复合肥，如平衡型 17-17-17+TE（N、P、K 各 17%，添加微量元素）

大量元素复合肥，不建议使用纯氮肥。在草莓移栽前整地时，将充分腐烂的有机肥、复合肥撒施后全耕层翻耕，然后做畦。如果是第一年种植草莓的田块，有机肥应适当多施。常年种植草莓的田块基肥应适当少施，如上海市青浦区草莓产区，种植户在苗期和初花期的养分投入总量高于草莓其他生理阶段的所需量，尤其是移栽前采用氰氨化钙进行高温闷棚的田块，土壤中的氮素丰富，应适当少用氮肥，否则极易造成草莓营养生长过旺、花芽分化晚、产量降低，增加了肥料和人工管理的成本。进行土壤消毒后的田块还应施用微生物菌剂，以补充土壤中的有益菌。

2. 追肥

在草莓果期，追肥应少量、多次，可选择根系追肥或叶面肥以及时补充草莓所需要的养分，施肥数量和次数依土壤肥力和植株生长发育状况而定。花果期要适当增加钾肥和微量元素配比，可以选择高钾型水溶肥料，但不宜过多施用纯钾肥，否则易造成养分失衡，导致草莓缺钙、缺硼现象，影响草莓产量和品质。根据生产实践，叶面肥可选用氨基酸肥料，对于提升草莓品质有较好效果。草莓对氯非常敏感，施含氯肥料会影响草莓品质，应控制含氯化肥的使用。

3. 施肥时期的确定

保温前后是施肥的主要时期，追肥至少要进行 4 ~ 5 次，尤其几个关键时期的追肥非常必要，关键时期包括盖地膜前、顶果膨大期、盛收期、第一茬果收获后植株恢复期、腋花序采收期。定植后到 9 月底前，草莓苗长势较旺则原则上不追肥。从定植到现蕾，应保证新生叶片达 5 ~ 7 片，叶片肥大，叶色青绿，苗体健壮。10 月下旬盖黑色膜前，施用 1 次复合肥。顶果膨大期、盛收期、第一茬果收获后植株恢复期、腋花序采收期视草莓长势分别追肥 1 ~ 2 次。追肥时间建议选择日光不强烈时进行，追肥以每亩高钾型水溶肥 8 ~ 10 kg 为宜，建议将肥料溶于水后应用滴灌追肥，灌水追肥后应注意通风，降低棚内湿度，以防控病害。

草莓开花结果期需要较多的磷肥、钾肥，可采取根外追肥，提高叶片光合作用，促进根系发育，增加果实产量，提高品质。还可根据长势，中后期结合喷药，施用氨基酸等肥料 3 ~ 4 次，以促进中后期果实的发育，提高果重及含糖量。

4. 二氧化碳气肥

良好的光合作用是草莓生长发育的前提条件。在草莓生长发育过程中，根系运输水分及矿物质，叶片吸收二氧化碳，叶绿体在适宜的温度下通过光合作用生成碳水化合物，释放氧气和能量。但在大棚促成栽培中，冬季通常要进行保温，通常放风量较小，放风时间短。大棚长时间密闭，棚内空气无法及时流通，尤其在日出后，草莓进行光合作用消耗棚内大部分二氧化碳，很快使棚内二氧化碳浓度不足（体积分数低于0.03%），有时会降至二氧化碳补偿点以下，造成草莓光合作用减弱，草莓长期生长发育受阻，会产生病害并造成减产。

二氧化碳气体施肥技术目前已经广泛应用于多种经济作物中，在草莓上的研究应用也逐年深入。随着大棚促成栽培的应用，冬季棚内二氧化碳的缺乏已成为限制高产的主要因素。相关研究表明，增施二氧化碳气肥成为提高草莓产量、品质和抗逆性的重要途径之一。日本学者研究发现，增施二氧化碳能显著提高草莓光合作用效率，增施后产量增加20%，增施二氧化碳能提高大果率，增加草莓果实含糖量，提高果实的糖酸比，果实商品性较好。利用二氧化碳发生器，以栃木系列草莓品种为试验对象，6—10点间保持田间二氧化碳体积分数为0.1%，可以显著增加植株鲜重，增加草莓果数，提高果重，增产效果显著。同时，多项研究发现，二氧化碳作为温室气体还具有保温效果，在日出1 h后可施用二氧化碳保温，将棚内二氧化碳维持体积分数在0.4%时保温效果明显。

施用二氧化碳气肥的浓度依品种、光强度、温度、肥水等情况而定，通常以接近二氧化碳饱和点浓度为宜，但随着二氧化碳浓度的增加，增效曲线逐渐减缓，考虑到施用成本不建议选择过高的浓度。冬季促成栽培采收期为12月至次年3月，结果期通常处于大棚少放风时期，大棚在11月上旬覆盖大棚膜、12月下旬覆盖内棚膜后，植株长出2~3片新叶时，是施用二氧化碳的最佳时期。二氧化碳气肥的最佳施用时间是上午9时至下午4时。如果用二氧化碳发生器释放二氧化碳，施肥时间可以提前，使日出后半小时达到所要求的二氧化碳浓度，通风的大棚应在通风前半小时停止施肥。

施用二氧化碳可以采用有机物发酵、二氧化碳发生剂、二氧化碳缓释剂、二氧化碳发生器等。有机物发酵分解可以产生大量二氧化碳，每亩秸秆堆肥3 000 kg，可在1个月内使棚内二氧化碳平均体积分数达到0.06%~0.08%，还可以补充有机肥，不足之处是二氧化碳释放量和速度平缓，不能在草莓光合作用旺盛期进行快速补充。二氧化碳发生剂主要利用化学反应产生二氧化碳，可应用盐酸-石灰石法、硫酸-石灰石法、碳酸氢铵-硫酸法，应用较多的为碳酸氢铵-硫酸法。采用稀释后的稀硫酸，把1份稀硫酸缓缓倒入3份清水中即可产生二氧化碳，可以选用市面上成套装置，在反应后的残液中加入碳酸氢铵，生成硫酸铵，稀释后可作为追肥施用。二氧化碳气体缓释剂为粉末状固体，在草莓植株顶部50 cm处均匀吊挂二氧化碳气体缓释剂，每亩挂18袋，40天（常规有效期）之后进行更换。二氧化碳发生器是设施栽培中较常用的科技设备，如图2-12所示，适用于精细化管理，设备一次性投入成本较高，但可以在草莓光合作用强烈的上午持续大量产生二氧化碳，使其浓度持续维持在同一水平，光合作用增加显著，适用于连栋大棚。

图 2–12　二氧化碳发生器

5. 水肥一体化

草莓生长过程中需肥、需水量大，生产上经常出现肥水资源浪费的问题，大水漫灌和肥料过量易造成土壤板结和环境污染，在草莓生产减肥、减药的大趋势下，推广水肥一体化技术，可以提高水肥效率，增加种植效益。草莓栽培应用水肥一体化技术，可以根据草莓生长需要及时、精准控制肥料的投入量，能够减少由于基肥施用过多和覆盖地膜前施肥过多引起的烧根现象，避免了因地膜覆盖而肥料利用率低导致的草莓早衰，降低沟施引发病害等可能性。水肥一体化可以减少生产中的用水量和肥料流失，提高肥料利用率，降低大棚内湿度，节省肥料和人工成本。

水肥一体化施肥系统有多种施肥方法，如泵吸肥法、泵注肥法、旁通罐施肥法、文丘里施肥法、比例施肥法等。在大田栽培中，综合考虑成本及设施简易程度，生产中通常使用文丘里施肥系统，如图 2–13 所示。田间管道通常应用喷管和滴管，草莓定植后，在畦面上 2 行草莓之间铺设喷管，1 个大棚铺设 2 ~ 3 条，如图 2–14 所示，

图 2–13　文丘里施肥系统

图 2–14　草莓苗定植后铺设喷管

应用喷水促进草莓苗成活，缩短缓苗期，避免大水漫灌造成土壤板结。草莓苗成活后收掉喷管，铺设滴管，如图 2–15 所示，滴头间距 20 cm，移栽至开花期每 5 ~ 7 天滴 1 次，每亩水量 6 ~ 10 m^3；开花至膨大期每 8 ~ 10 天滴 1 次，每亩水量 8 ~ 10 m^3，墒情好可适当延长滴水时间；采收期每 6 ~ 10 天滴 1 次，每亩水量 6 ~ 8 m^3；采收结束前 20 天停止滴水。大棚草莓生长期间选用可溶性好的肥料种类避免堵塞滴管，随水施肥 25 ~ 30 次，每次每亩施肥 3 ~ 5 kg，每次施肥后再滴清水 20 min。

图 2–15　草莓苗成活后铺设滴管

三、覆膜技术

覆膜技术已经广泛应用于草莓栽培中，地膜覆盖的土壤管理制度具有提高作物产量、增加产值、降低成本等多种优点，同时薄膜在育苗、除草、防虫、提高果实品质等方面也有较多应用。根据覆盖作用、覆盖时间及效果的不同，经常使用的塑料薄膜见表 2–1。

表 2–1　经常使用的塑料薄膜

类别	说明
透明膜	生产上应用普遍的聚乙烯透明薄膜增温效果好，可使土壤耕层温度提高 2 ~ 4 ℃，其幅宽不等，是应用广泛的地膜
黑色膜	黑色膜是在聚乙烯树脂中加入 2% ~ 3% 炭黑制成的。黑色膜透光率低，热量不易传给土壤，可使土壤增温 1 ~ 3 ℃。黑色膜可以防止土壤水分蒸发，并有效抑制杂草生长
黑白双面膜	该复合薄膜克服了黑色膜的缺点，覆盖时白色一面向上，反光降低膜温度；黑色的一面向下，抑制杂草生长

续表

类别	说明
银色反光膜	该膜可以使田间光照强度增加 1.3%～17.36%，温度增加 0.1～2.4 ℃，夏天可以作为遮阳材料，降低温度
杀草膜	这是利用含有除草剂的树脂加工制成的一种特殊薄膜，能提高地温 3～5 ℃，覆盖 1 个月后可以有效减少田间杂草生长
预防草莓病虫害的地膜	该薄膜以透明或黑色薄膜为底基，沿纵长方向均匀排列银色宽条。银色对蚜虫有驱避作用，减少蚜虫飞入草莓田中为害，还可预防蚜虫传播的草莓病毒病。除蚜虫外，这种薄膜对危害草莓的螟虫、黄条跳甲等害虫也有防治效果

1. 覆盖地膜

草莓定植成活后，大棚栽培一般于 10 月上旬对畦面进行松土，除掉杂草，将种植过深的草莓植株基部泥土除去，露出心叶以利于草莓生长。大棚栽培通常采用高垄，土壤不需中耕，因此前期土壤管理的主要内容是覆盖地膜。在草莓促成栽培中，覆盖地膜可以有效提高地温，促进肥料分解，减少土壤水分蒸发，降低室内湿度，防止病、虫、杂草的发生，清洁果实。透明膜、黑色膜、银色膜均可防止污染，预防灰霉病，保持土壤水分，促进果实成熟。透明膜提高土温效果最好；黑色膜有明显防治杂草的效果，覆盖黑色地膜的植株，生长势强，产量高，采收期长，防病效果显著；在蚜虫危害较重的田块可选择银色膜，利用银色膜对蚜虫的刺激作用减少危害。地膜厚度一般为 0.008～0.02 mm，太厚则难于紧贴地面。

覆盖黑色膜（见图 2–16）前，草莓苗保留 5～7 片健壮功能叶，及时剥除老叶、黄叶，摘除腋芽和匍匐茎，拔除杂草，捣碎泥块，拍平畦面，便于在覆盖地膜时破膜起苗。覆盖地膜前 2～3 天，施 1 次氮、磷、钾各 15% 的进口复合肥，10～30 kg 兑水 1 000 kg，穴施在畦两边，以草莓植株到沟底的距离中间偏上部位为宜，复合肥不可干施在畦面上，否则会引起烧根现象，严重的可造成肥害，影响草莓生长。

覆盖地膜时间主要根据气候环境和苗情而定。如果地膜覆盖时间过早则地温高，不仅会伤害根系，而且会影响第二花序的花芽分化；如果地膜覆盖时间过迟，苗体过大，破膜起苗困难，也会影响覆盖效果。为了使草莓安全越冬，通常在 10 月下旬夜温降至 8 ℃时覆盖地膜。地膜要拉直、铺平、与地面贴紧，铺设在畦面上，将垄全部覆盖，地膜四周用土压牢、封严，以防被风吹起，盖膜后立即在草莓苗对应位置破膜，将苗完整拉出至膜上。

图 2-16　覆盖黑色膜

2. 覆盖棚膜

覆盖棚膜的主要作用是保温，当气温降至草莓生育适宜温度以下时应进行保温，确定保温时间对于草莓生产十分重要。如果保温时间过早，会导致休眠深的品种生长受到影响，停在休眠状态，而休眠浅的品种花芽分化受到抑制；如果保温时间过晚，草莓在田间的低温时间长，草莓会进入休眠，影响开花结果。因此，应综合考虑品种、定植时间、气温、苗情来决定覆盖棚膜的适宜时间，如“红颜”等花芽分化开始期早、休眠浅的品种，其定植时间与覆盖棚膜通常间隔 40 天左右。上海地区大棚栽培适宜覆盖棚膜保温时间通常为 10 月下旬—11 月上旬；为了提高冬季保温效果，通常在 11 月下旬—12 月上旬覆盖内棚膜。

3. 保温后田间管理

大棚覆膜后的保温初期，温度要求相对较高，棚内最高温度应控制在白天 28～32 ℃，夜间 12 ℃左右；现蕾期，白天控制在 25～28 ℃，夜间 10 ℃左右；开花期，白天控制在 23～25 ℃，夜间 8～10 ℃；果实膨大期的温度调控尤其重要，白天控制在 23～25 ℃，夜间 6～8 ℃，如果夜间温度较低则果实变大，但收获期延迟，如果夜间温度高于 8 ℃，果实着色快，但果实较小，商品性降低；果实收获期白天加强通风换气，将温度控制在 20～25 ℃，夜间 5～7 ℃。

大棚覆膜保温后，棚内空气湿度提高，开花期湿度过高，对开花授粉不利；果实采收期湿度过大，容易发生灰霉病而引起大量烂果，高温高湿易引起白粉病的发生和传播。因此，加强棚温管理的同时要注意降低棚内湿度，晴天高温、多雨暖湿时进行通风换气，降低大棚内的温度和空气湿度。

草莓保温后植株生长旺盛，应该及时摘除多余侧芽和匍匐茎。立春后气温逐渐回升，通常在 3 月 10 日左右拆除大棚内膜，4 月中旬拆除大棚两侧膜以通风，降温降湿。

草莓生长的花果期如果遇到寒潮来临，气温低于 –2 ℃时，草莓的叶片、花芽和果实极易受到冻害。叶片受冻后，叶尖与叶缘变黑，受害严重的正在开放的花，雌蕊和柱头完全坏死，花的中心变黑，如图 2–17 所示，不能发育成果；受害轻微的正在开放的花，部分雌蕊受害变色，而后发育成畸形果。成熟的果实受冻后表皮呈现油渍状，丧失商品性，幼果受冻则心部发黑坏死，严重影响产量。因此，在草莓花期易受晚霜危害的地区，要做好保温工作。

图 2–17　草莓受到冻害

（1）应对严寒天气的措施。冬季栽培时应注意严寒天气，在强冷空气到来前，做好草莓大棚保温工作，尽量维持棚内温度 5 ℃以上，避免发生冻害，建议采取以下措施。

1）完善、加固大棚各项设施。如图 2–18 所示，草莓大棚架上加覆薄膜和黑色遮阳网，大棚两侧设置围裙，增加棚室保温能力；检查和加固大棚固定物，防止大风降雪损坏和压塌大棚，若降雪要及时做好除雪工作；及时修补或更新破损的塑料薄膜，增强保温能力；畦间铺稻壳、秸秆等保温材料。

2）采用多方式增温办法。清扫棚膜，增加光照，提升透光率以提高棚温；悬挂安全的取暖灯；夜间棚外覆盖草苫，增加棚内热量，如图 2–19 所示，棚内草莓植株浮面覆盖无纺布或薄膜，防止草莓受冻。如图 2–20 所示，田间可通过暖气管道输送热气增温。如图 2–21 所示，田间放置安全热源，切记不可在棚内采用烧煤加温等不安全的增温方式，确保人身安全。

图 2-18　草莓大棚保温措施

图 2-19　草莓浮面覆盖

图 2-20　暖气管道增温

图 2-21　选用安全热源

3）喷施叶面产品。可在叶面喷施逆护、氨基酸类、腐殖酸、黄腐酸类等产品，增加植株本身的抗性，提高植株的抗寒能力。

4）加强病害预防。低温棚内湿度大，易引发病害。在晴天温度允许的情况下，可在中午温度高时，打开南门通风，使湿气排出去；下午适当减少通风，提前关闭南门起到保温作用，防止棚内温度流失过快。

（2）已经发生冻害田块的管理措施

1）恢复长势。及时喷施叶面肥，缓解冻害带来的伤害，可以选择 0.2% 磷酸二氢钾 3 000 倍液或 0.01% 芸苔素内酯 2 500 倍液。

2）整理植株。清除受冻的花果叶片，减轻植株负担，防止草莓植株早衰。

3）通风换气。气温低容易产生有害气体，需在中午及时通风换气，时间不宜太长，以防大幅降低棚内温度。

4）病害防治。待覆盖物撤完、地面稍干后进行清扫，将枯茎、烂叶及残留物集中清除，以减少病虫害的发生。结合根外追肥，选用药剂防治灰霉病、白粉病等病害，如 42.4% 唑醚 · 氟酰胺（健达）、42.8% 氟菌 · 肟菌酯（露娜森）等。

四、施用生长调节剂

1. 赤霉素

（1）主要作用

1）抑制休眠。当 20% ~ 30% 的草莓顶花序现蕾时，用赤霉素处理，可促进生长、防止休眠。赤霉素处理后见效很快，3 天后植株叶柄出现伸长，处理效果约维持 10 天。赤霉素施用的适宜质量浓度为 5 ~ 10 mg/L。

2）打破休眠。赤霉素可以代替低温、长日照的效果，打破草莓休眠，使草莓提早进入生育期。保温后 10 周内，休眠浅的品种，如“白雪公主”，常用施用质量浓度为 5 mg/L，每株用量 5 mL；休眠较深的品种施用质量浓度为 10 mg/L，相隔 10 天喷施第二次，每株用量 5 mL。常规早熟品种“新屯一号”“章姬”“红颜”不需要赤霉素处理。

3）促进匍匐茎发生。对匍匐茎发生少的品种，可以在 4 月底或 5 月初喷施赤霉素，能有效地促进草莓匍匐茎的发生，扩大种苗的繁殖系数。

4）促进植株生长、开花和增加花数。赤霉素可以促进草莓植株叶片生长，促进花芽形成，加快花芽发育，拉长花柄，使植株提前开花。研究发现，在草莓花期和坐果期喷施 10 mg/L 赤霉素，能提高果实产量，增加果实糖度和根系干物质积累，提高植株耐受性。

（2）施用要点

1）严格控制药剂浓度及施用剂量。浓度或剂量过高会造成果柄过长，果实变形，甚至造成产量损失；浓度或剂量过低则无法起到拉长果柄的效果，可酌量施用第二次。

2）施用赤霉素应选择晴天，在上午露水干透后施用。

3）喷液部位为心叶，喷雾均匀，保证单株喷雾量准确。

4）喷药完毕待药液被吸收后，后续 3 天上午要及时通风，至草莓心叶上的水珠干透，防止花序腐烂。通风时适当缩小通风口以提高棚内温度，控制温度在 30 ~ 32 ℃，3 天后花柄可见增长。

（3）配制方法

1）配制赤霉素母液。称取赤霉素 1 g，加入 10 mL 酒精中，用玻璃棒搅拌至完全溶解，充分溶解后加水稀释到 100 mL，母液密封放在遮阴处可存放半年，使用时按需配制。

2）配制 10 mg/L 赤霉素溶液，取 1 mL 母液，加入 1 kg 水搅拌均匀；配制 8 mg/L

赤霉素溶液，取 1 mL 母液，加入 1.25 kg 水搅拌均匀；配制 5 mg/L 赤霉素溶液，取 1 mL 母液，加入 2 kg 水搅拌均匀。

2. 多效唑

多效唑是植物生长抑制剂的一种，在草莓生产中的主要作用是抑制草莓匍匐茎的发生，减少人工摘除匍匐茎的劳力，同时还有抑制植株营养生长、促进生殖生长的作用，有明显的增产效果。在草莓育苗期，结合田间长势，可以施用多效唑进行控苗，值得注意的是，多效唑施用的剂量不宜过大，且在草莓生产苗定植前 1 个月不宜施用，否则会使移栽后草莓生长发育迟缓，造成减产。研究表明，草莓移栽后，喷施多效唑对草莓匍匐茎长度、株高、叶柄长度都有明显的抑制作用，同时对草莓有增产作用。

赤霉素有解除多效唑对草莓抑制作用的效果，叶面喷施 20 mg/L 赤霉素溶液后，7 天左右可见效。经赤霉素处理后，长期受多效唑严重抑制的草莓，植株明显增高，叶柄也能明显加长，生长势加强。生产中可结合田间情况进行植株生长势调控。

3. 生长素

生长素即吲哚乙酸，是最早发现的促进植物生长的激素。生长素最明显的作用是促进茎、芽、根的生长，其对生长的促进作用因浓度而异，随着浓度升高，器官伸长生长至最大值，此时生长素浓度为最适浓度，超过最适浓度，器官的伸长受到抑制。不同器官的最适浓度不同，茎端最高，芽次之，根最低。在植物生长调节剂当中，活性较高、催根效果较好的是吲哚丁酸和萘乙酸（生长素类似物）。在草莓生产中，通常在草莓的定植前，对生产苗根系进行浸泡，促进根系的发生和生长。可选用 5 ~ 10 mg/L 萘乙酸溶液浸泡根系 2 ~ 6 h，以促进生根，提高草莓栽植的成活率。

五、花期放蜂

大棚栽培的草莓通常冬季开花，一般当年 12 月至次年 2 月为开花期，此期间大棚内温度低、湿度大，光照减弱，空气流通不畅，往往会引起草莓花期授粉不良，未受精的雌蕊变褐萎缩成为无效花，或者雌蕊受精不完全发展成为畸形果。由于草莓花药开裂和花粉飞散情况与果实的产量和品质密切相关，因此在草莓开花期，除了在保温的基础上进行通风换气、降低棚内湿度之外，必须在大棚内放蜂促进授粉，如图 2-22 所示。棚内放蜂能显著提高坐果率，减少畸形果。棚内蜜蜂放养密度通常为 1 株草莓配 1 只蜜蜂，在草莓开花前 4 天放入蜂箱，让蜜蜂提前适应大棚内环境。大棚内放置蜂箱的时间最好为清晨，此时大棚内外温差不大，可避免引起蜜蜂骚动。

棚内温度管理必须与蜜蜂的生活习性相适应，才能得到良好的效果。蜜蜂活动的适宜温度为15～25 ℃，当气温在10 ℃以下时，蜜蜂活动减少；大棚内温度升高到15～18 ℃时，蜜蜂开始飞出蜂箱进行访花采蜜；蜜蜂活动频繁的温度是20～23 ℃；当气温达到25 ℃以上时，蜜蜂虽然大部分飞出蜂箱，但它们大多不去访花采蜜，而是聚集在蜂箱周围或聚集在大棚顶部，授粉效果不佳。

图 2-22　蜜蜂授粉

蜂箱应放在大棚内光照条件最好的地方，蜂箱的出入口应朝着阳光方向，在东西走向的大棚中，可以在大棚西侧摆放蜂箱；南北走向的大棚中，可以在大棚北侧摆放蜂箱。如图2-23所示，蜂箱安放的位置距离棚顶至少30 cm，距地表至少10 cm，避免蜂箱内温度由于日光照射而变化过大。

图 2-23　田间放置蜂箱

空气湿度与蜜蜂的访花采蜜活动也有很大关系。空气湿度越低，花药开裂越好，蜜蜂访花也越频繁。晴天开放的草莓花，中午 12 时前后散发大量的花粉，分泌出许多花蜜，此时蜜蜂访花采蜜最为频繁。当空气湿度处于 80% 以上时，草莓花的花药不能正常开裂，蜜蜂的访花次数也会减少；若遇阴雨连绵的天气，大棚内温度持续偏高，蜜蜂的访花次数会明显降低，严重影响草莓授粉。因此，在未下雨的时间段要及时做好大棚通风换气工作，降低大棚内空气湿度，促进蜜蜂访花采蜜。

另外，放蜂前 15 天应做好病虫害防治工作，以提高蜜蜂群体质量和授粉质量，蜂箱移入后要避免施用农药，尤其是杀虫剂。若因防治病虫害需在大棚内喷洒农药时，必须将蜂箱从棚内移出，以免对蜜蜂造成伤害。将蜂箱搬出大棚时应注意大棚与外界的温度差异，不要在温差大时搬迁蜂箱，以免蜂群骚动，导致不必要的损失。应选择新蜂王以利产卵及繁殖后代，定期检查蜜蜂数量，在每茬草莓开花前，及时补充蜂源。

六、植株管理

1. 植株整理

在草莓全生育期间，叶片不断生长，当发现植株下部分叶片呈现水平着生、叶色褪绿变黄、叶柄基部变色时，说明老叶光合作用逐渐丧失，应及时从叶柄基部摘除。在植株定植后、保温前，每株通常保留 6 ~ 8 片功能叶，可减少匍匐茎的发生，刺激多发花芽，以利增产增收。在植株结果期，每株保留 10 ~ 15 片功能叶，以保障光合作用的正常进行。在果实膨大期以后，一般不进行摘叶。每茬果实采收后应及时进行植株整理，降低养分消耗，改善通风透光条件，提高光合效率，促进后续花芽分化。田间老叶、黄叶、病叶及干枯花茎腐烂后常寄生大量病菌，应及时摘去以避免侵染新叶，摘除后应带出园外销毁深埋，通常两周左右会长出新叶，植株复原。草莓保温后、现蕾前田间养分充足，温度适宜，草莓生长旺盛，通常会发生较多侧芽和匍匐茎，侧花芽通常瘦弱、不现蕾，若不及时摘除侧芽和匍匐茎会严重影响草莓主花芽形成，导致减产。应及时将植株主茎旁生长的侧芽和匍匐茎疏去，以减少营养消耗，促进顶花芽开花结果。草莓生产上应用匍匐茎进行繁殖，可结合农时，采摘无病、健壮、品质优良的草莓植株上抽生的匍匐茎作为次年繁殖的母株进行留种。

2. 疏花疏果

疏花疏果技术已经广泛应用于生产中，是提高果实品质和获得高产的关键技术之一。草莓果实生长发育的营养主要来自植株的光合作用和根系对于土壤中营养成分的吸收，随着顶花芽果实的发育成熟，腋花芽迅速发育并大量开花，植株负担加大，如果不及时疏去过多的花和幼果，易造成植株衰退、果实品质下降、产量降低等问题。为了达到优质高产的目的，生产中通常集中养分供应前期果实，并把果实数量控制在合理范围内，以保证留下来的果实能够有充足的营养供应。随着草莓水肥一体化技术的发展，在田间肥料供应充足的情况下，草莓全生育期可连续抽生花序 5 ~ 8 个，每个花序可着生 7 ~ 30 朵花。花序上先开的花为低级序花，其果大、成熟早，通常一、二、三级果最具经济价值；高级序花开得晚，四、五级花往往因不孕而成为无效花，即使有的能形成果实，也由于果太小、无采收价值而成为无效果。因此，最好在第一朵花开放前，疏去高级序晚弱花蕾，疏花可减少养分消耗，促使养分集中供应先开的花蕾，使留下的果实果形变大、着色整齐、大小一致，提高果品质量，还可使果实集中成熟，节省采收用工。随着花序抽生，各花蕾之间彼此分离，便于摘除时进行疏花，先疏去瘦小花蕾，使养分集中供给先开的花蕾。疏花应先摘去同一花序中的高级序花的花蕾，保留发育正常充实的花朵。疏花时可适当多留一些花朵，待坐果后结合草莓长势进行疏果。

疏果可使果形整齐，提高商品率。疏果应在幼果的青色期进行，摘去高级序果、畸形果、病虫果、果柄细弱的或过早变白的瘦小果以及多余果，疏果后有利于集中养分供应、促进低级序果的果实变大，提高前期经济收益。疏花、疏蕾、疏果后及时将其带出棚外集中销毁。

目前主栽品种红颜果形大，单果重，为提高果实商品性，其第一、二花序坐果正值冬季低温期，建议保留一、二、三级果，可增加单果重、提高商品性及草莓价格；第三、四花序开花结果时，保留四级果，以保证市民的田间采摘需求。章姬果形中等，丰产性好，连续结果性强，各花序可比红颜多保留 3 ~ 5 个果，以提高产量。

3. 草莓畸形果的形成及预防

在草莓大棚栽培过程中经常出现畸形果，其主要表现为果实过肥或过瘦，呈鸡冠状、扁平状等不规则形状，严重影响果实品质，使产量和经济效益大大下降。草莓畸形果形成的主要原因是授粉不良，其发生程度轻重与以下因素有关。

（1）品种花粉发芽力弱。品种本身育性不高，雄蕊发育不良，雌雄器官育性不一致，导致授粉不完全而产生畸形果。如达娜等品种，易出现雄蕊短、雌蕊长现象，花粉粒少而小，发芽力弱，易发生畸形果。

（2）访花昆虫少。大棚内蜜蜂等访花昆虫少；或由于环境影响，花朵中花蜜的糖分含量低，不能吸引昆虫传粉，授粉不佳。

（3）温湿度不适宜。在开花授粉期，温度过高会引发花粉发育不良；温度过低可导致雌蕊和柱头受冻坏死；高湿则影响花药开裂，且引起水滴冲刷柱头，无法授粉。

（4）开花期喷洒农药。花期喷药会冲刷柱头，尤其对当日开的花影响更大，不但妨碍授粉，而且妨碍访花昆虫的活动，导致畸形果率上升。

因此，减少草莓畸形果的形成应综合各项技术进行预防，采取选用优良品种、及时疏花疏果、适时放蜂授粉、田间控温控湿、避免花期喷药等多种措施。

4. 果实成熟着色管理

草莓果实颜色通常为鲜红色，栽培方式的不同会使果实颜色在粉红和深红之间呈现变化。果实膨大初期为绿色，中期转白，只有当果实进入膨大后期时，红色的花青苷含量急剧增加，果实才转变为红色。一般来说，在果实绿熟期及白熟期，光线对果实着色影响小，相比之下，温度对果实着色影响更大；在果实转色期，光照有利于果实着色。

大棚栽培草莓栽培期正值低温弱光期，不利于果实着色，应从以下几方面来提高草莓果实的增色效果：降低室内湿度，提高夜间温度；随时摘除遮盖果实的老叶，使果实充分受光；减少施肥，避免果实成熟过快、着色不均匀、糖度降低；控制水量，结果后的灌水应在晴天午前进行，要避免灌大水；选紫外线透过率高的棚膜，并经常清洁棚膜；增加补充光照设施，如图 2–24 所示。

图 2–24　田间补光设施

七、其他栽培模式

近年来，随着草莓栽培技术的进步和草莓生产组织化水平的提高，草莓栽培模式呈现多样化的发展趋势。传统的露地栽培模式已经逐步被淘汰，大棚栽培模式具有成本低、操作简易、经济效益高的特点，是主流栽培模式之一。采用多样化设施的立架栽培、多层栽培、超高垄栽培、水培等已经应用到实际生产中，如图 2-25 所示。其中草莓立架栽培的发展已经逐步趋于完善，是未来草莓生产的主要发展方向之一。

图 2-25　多种栽培模式

随着大棚栽培的规模化发展，草莓产区面积和种植地块相对稳定，常年种植草莓的土壤逐渐出现连作障碍，造成草莓生长势弱、产量降低、果实品质下降等问题。由于土传病害的常年危害，土壤中的炭疽病、枯萎病、黄萎病等病原微生物在土壤中残留，连作后草莓根系分泌的抑制因子也在土壤中逐步累积。实践表明，应用立架栽培是解决大棚连作障碍的有效途径之一。现阶段推广的草莓立架栽培，通常选用灭菌后的基质代替土壤来种植草莓，基质栽培草莓具有产量高、品质好、生长周期短等特点。通过滴灌设备精准控制养分投入，避免了土壤的固定和渗漏，提高了肥料利用率，节水省工，产出的草莓品质高，无土传病害，进一步减少了农药的使用，结果期可精准调控营养配比，实现高质量草莓生产。因此，草莓基质栽培有广阔的发展前景。

在立架栽培中，立架通常为 H 形钢管结构，单排、纵向设置在大棚中，如图 2-26 所示，高度设置在 80 cm，方便后续果实采收。H 形立架中间放置塑料或防水布材质的种植槽，种植槽深度 15 ~ 20 cm，宽度 25 cm 左右。设置单层防水布或者塑料材质的种植槽时，将立架两端设为一侧略高，一侧略低，在低端底部设置排水口，将植物未吸收的肥水及时排出，如图 2-27 所示。或者立架两侧高度一致，种植槽内层选择

图 2-26 立架栽培

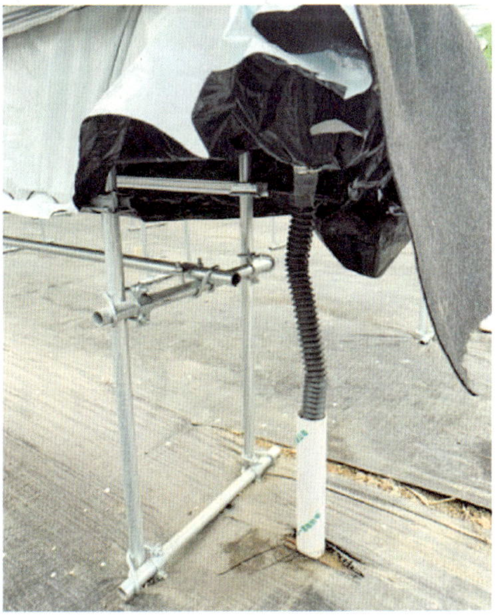

图 2-27 种植槽排水口

承重性强的透气材质作为内胆，便于排出多余水分；外层采用防水材质，承接多余水分，注意及时排出积水。

种植槽内盛放基质，以基质代替土壤，固定植株，为草莓提供氧气、水分、养分，满足植物生长发育的需要。所选用基质应具有良好的物理性状，疏松通气，蓄水力强，无病虫、杂草等有害生物。基质通常直径为 5 ~ 15 mm，成分有沸石、蛭石、珍珠岩、泥炭、碳纤维等。泥炭、蛭石价格低，质地细，疏松透气，容水量大，效果较理想。按实际需求合理进行基质配比，在蒸发量小的低温地区，粗基质配比高；在干燥和高温地区，水分蒸发量大，应增加保水性强的基质配比。常规栽培时，可选用基质配比为泥炭：蛭石：珍珠岩 =5：3：2，每年草莓种植前应更换全新基质。除了 H 形钢管结构立架外，常见的还有悬挂式结构（见图 2–28），种植槽上方放置可移动和替换的成品基质袋，其具有减少病虫害、基质配比科学、便捷等优点。

图 2–28　悬挂式种植槽

立架栽培的水肥系统通常由首部装置、水肥控制系统、田间滴网组成，如图 2–29 所示。首部装置通常包括营养液混合罐、酸罐、A 罐、B 罐、水罐等设施，首部装置连接水肥控制系统以实现田间用肥用水的精准配制，可实现 pH 值、EC 值、时间、水量等自动控制。配制好的营养液或者水通过田间滴网运输到种植槽的滴管中，种植槽内的滴管一端连接施肥装置，一端连接若干个滴箭（见图 2–30）。一株草莓配制一个滴箭，将滴箭插在每株草莓根部基质中，以实现精准滴灌。

图 2-29　水肥系统

图 2-30　滴箭

基质栽培定植时期为 9 月上旬，将消毒后的基质装入干净的种植槽中，浇水至基质全部湿润后，保持畦面呈龟背形，在畦面两侧分别定植一行草莓，株行距 15 cm × 20 cm，草莓定植操作同大棚栽培。定植后白天注意遮阳，减少叶面蒸发，促进成活，刚定植后不急于施肥，可先滴 2 ~ 3 天清水后再滴肥料。滴水应根据植株生长和田间气候进行调整。滴肥时要准确控制 EC 值，开花期到收获期的 EC 值控制在 1 ~ 1.2 mS/cm，收获期 EC 值不超过 1.5 mS/cm。基质栽培要注重棚内温湿度管理，结果期白天温度保持在 23 ~ 28 ℃，夜晚保持在 6 ~ 9 ℃。

学习单元 3

果实采收及采后处理

一、采收时期

一般来说，在草莓成熟过程中，果实由最初的绿色逐渐变为白色，最后变为红色且具有光泽，种子由绿色逐渐变为黄色。果实受光面最先着色，随后背光面才着色。有的品种果实顶部先着色，随后果柄部才着色，如红颜；有的品种直到完全成熟时，果柄部仍为白色，如越心。随着果实成熟，浆果也由硬变软，散发香气。草莓从开花到果实成熟需要一定的时间，所需时间因气温变化而不同。温度高，果实成熟所需时间短；温度低，果实成熟时间长。平均气温 10 ℃时，成熟需 60 天；平均气温 15 ℃时，成熟需 40 天；平均气温 20 ℃时，成熟需 30 天。一般温度在 17 ~ 30 ℃，积温达 600 ℃时即可成熟。草莓的采收期因栽培形式不同有很大差异。

二、采收要求

草莓成熟后，应及时采收。草莓适宜采收的成熟度要依品种、用途和运输距离等条件综合考虑。硬度高的品种如新明星、哈尼等，果实接近全红时采收才能达到该品种应有的品质和风味，也不影响储运。硬度低的品种如红颜，则要相对提前采收。作为鲜食的冬季草莓以八九成熟采收为宜，采收期正值低温期时，果实着色较晚，糖度积累慢，不要急于采收。作为果汁、果酱等加工用果的果实要求全熟时采收，以提高果实的糖分和香味，增加水分，便于加工。作为罐头用果的果实要求大小一致，在八成熟时采收，果实肉硬，颜色鲜美。当远距离销售时，以果实七八成熟时采收为宜，就近销售的以接近成熟时采收为宜。进入 4 月以后，田间温度较高，草莓果实成熟快，采收频率应增加，以果子着色七八成熟为佳，便于后续运输和储存。5 月气温显著上升，直射光线变强，果实的种子突出，无光泽，商品性大幅下降时可结束草莓采收。

采收前要做好准备工作，主要包括：与线上电商或线下商超、加工厂联系确定销路；准备采收和物流包装用品；对采收人员进行培训；提前制定成熟度及果实分级标准等。由于草莓同一花序的果实成熟期不同，必须分期采收。刚采收时，每隔 3～4 天采收 1 次；采果盛期，应每日采收 1 次，及时采收，可以使未成熟的果实迅速膨大成熟。一天中采收草莓的适宜时间为早晨露水干透后至上午 9 时，上午气温相对低，果实相对较硬，有利于存放和分级装箱。中午前后气温较高，棚内温度更高，果实的硬度变软，果梗变软，不但采摘费力，且果实不易保存。为保障草莓果实硬度和采摘人员安全，应在午间高温到来前采收完毕。草莓果实不耐压，故采收的容器建议选用浅容器，采收时不宜装得太满。容器底部平整、内壁光滑，若容器底部不平，可垫干净的纱布、毛巾等，不宜采用报纸垫底。采收容器不宜过大，如图 2–31 所示，建议选用竹筐、塑料箱等。采收过程中所用工具要清洁、卫生、无污染。

图 2–31　草莓采收容器

采摘草莓时要轻拿、轻摘、轻放。采收时只拿住果柄，切勿用手抓住果实使劲拉，而是用大拇指和食指将果柄掐断，连同果柄一起摘下，所留果柄不宜过长，以 2 cm 为宜。避免碰触果实或者硬采、硬揪，不能损伤花萼，更不要碰伤果实。遇到病虫果、畸形果和碰伤果应单独分出，不可混装。为减少果实的反复碰撞，采收时宜分人定级进行，前面的人采收大果，中间的人采收中果，后面的人采收小果，做到边采收、边分级，整齐地将草莓摆放在各容器中，注意不要挤压果实。如图 2–32 所示，采果的道路要固定，在沟内前行时要小心，避免踩坏幼果和叶片。采摘时要仔细，以免漏掉成熟果实而造成损失。高温、露水未干和下雨时采收的果实易腐烂，需放在阴凉通风处散热，晾干表面水分。除了人工采收，还可使用草莓专用采摘机器进行采收，该机器是通过红外线和机械手进行果实采摘的。另外，随着休闲农业的快速发展，在草莓盛果期开放园区，吸引顾客进行采摘也可减少采收成本，增加草莓产值。

图 2–32　采收草莓

三、果实储存

草莓果实难储存，最好随采随销。储存鲜食草莓的最适温度为 0 ~ 0.5 ℃，温度越高，储存时间越短；空气湿度应保持在 80% ~ 90%，可减少果实水分蒸发流失。草莓储存保鲜可采用快速预冷的方法，通常采收期田间温度较高，储存时要尽快且均匀地将果实温度降到适宜的低温。预冷越快，降温越接近 0 ℃，储存和运输的效果越好，损失越少。生产中通常应用冷藏库、大型冷藏箱或冰箱进行预冷，以盒内草莓果实温度降至 0 ~ 1 ℃为宜。在条件不具备时，可把采收的草莓果实放置在阴凉通风的室内或遮阴处，起到预冷和减少储运损失的作用。常温储存时可用聚乙烯薄膜覆盖保湿，但一般只能存 1 ~ 2 天；8 ℃左右能存放 4 天。低温冷柜销售可减少草莓采后腐烂，有利于延长货架期。草莓需长期储存时，目前较好的方法是速冻储藏。速冻储藏可保持草莓的原品质和风味，作为加工原料可延长加工期，提高产量质量。速冻储藏时，选取果实成熟度八成熟，色香味已充分显示品种特色的果实，将果实置于 –25 ~ –23 ℃低温中，使之在短时间内急速冻结，通常可储藏 18 个月。

四、果实分级

目前，国内尚无草莓果实分级的法定标准，上海市青浦区草莓果实分级包装标准见表 2–2。

表 2–2　　上海市青浦区草莓果实分级包装标准

	红颜、章姬、越秀		白雪公主	
	单果重	包装规格	单果重	包装规格
特级	≥40 g	500 g，12 个 / 盒	≥30 g	500 g，16 个 / 盒
一级	≥30 g	500 g，16 个 / 盒	≥20 g	500 g，24 个 / 盒
二级	≥20 g	500 g，24 个 / 盒	≥15 g	500 g，32 个 / 盒
三级	≥15 g	500 g，32 个 / 盒	≥12 g	500 g，40 个 / 盒
外观要求	无明显碰伤、无病虫害、无畸形、八九成熟、新鲜、洁净			

五、果实包装

草莓花期长，成熟期不一致，果实必须分批采收、分批包装储存、分批上市。国内大型草莓栽培基地通常设有草莓包装车间，同时配有全冷链系统，可保证草莓果实的新鲜储运。投入市场的新鲜草莓果实应按照等级包装，平均单果重不得低于分级标准，果实品质统一能增加商品性。

草莓批发应采用统一塑料托盘分装，如图 2–33 所示，按照级别将草莓整齐地摆放在托盘中，便于运输。草莓零售宜采用硬质地、小包装，通常销售规格为 500 g、1 kg、2 kg 等，应根据规格提前定制不同容量的透明塑料盒、泡沫塑料盒或纸盒，如图 2–34 所示，盒内草莓按一定顺序、大小和方向整齐放置，草莓不宜装得太满，顶部应留出 2 cm 空隙，装果后加盖防止挤压果实，再把装好果的小盒放入较大的塑料箱或纸箱内，每箱草莓不宜超过 5 kg。这样既能保证果品外观，便于出售和短时间保存，又方便后续运输。运输要采用冷藏车，途中不能日晒，汽车行驶过程中尽量减少颠簸。草莓的采收、包装、运输是草莓生产中保证果品质量的重要环节，应注重“最后一公里”的果品管理，以保障经济效益。

图 2-33　批发用草莓托盘

图 2-34　草莓包装

六、果实加工

草莓鲜果货架期短、不耐储存和运输，为了充分利用草莓资源，可将草莓制作成多种加工产品，延长草莓后续加工产业链是提高草莓经济效益的途径之一。草莓加工制品主要有以下几类。

1. 草莓酱

制作草莓酱的鲜果可选用果胶和果酸含量高的品种，要求成熟度适中、果肉软、口味酸、容易除萼、可溶性固形物的含量在 8% 左右。草莓酱常用配方为草莓 300 kg，75% 糖液 412 kg，柠檬酸 714 g，山梨酸 240 g。

2. 草莓罐头

制作草莓罐头可选用果实颜色较深、硬度大、种子少而小、香味浓的品种，以保证罐头果形完整，具韧性，汁液透明鲜红，甜酸适度。

3. 草莓蜜饯

制作草莓蜜饯可选用具有色泽深红、果实质地致密、硬度大、果形完整、具韧性、耐煮制、汁液较少等特点的品种。

4. 草莓果汁、果酒

制作草莓果汁、果酒可选用含酸量高，色泽深红、耐储运，可溶性固形物含量高的品种。

5. 草莓果干

制作草莓果干可选用烘干或冻干工艺，将新鲜草莓清除全部果梗、花萼和夹杂物，均匀、薄薄地铺在筛网上，放于烘干或冻干设备内进行干燥。

技能要求

高温闷棚

操作准备

1. 空闲期草莓大棚 1 个。
2. 氰氨化钙、有机肥根据田间情况按需准备。
3. 闷棚用透明膜 1 卷，固定物若干。
4. 防护用具 1 套。

操作步骤

步骤 1 穿戴防护用具，穿长裤、长袖衣服和胶鞋，佩戴口罩，戴帽子和橡胶手套。

步骤 2 根据田间情况合理计算氢氨化钙和有机肥用量，将氰氨化钙和有机肥均匀撒施在田里。

步骤 3 用拖拉机旋耕，深翻土壤 20 cm，使氰氨化钙、有机肥与土壤充分混合。

步骤 4 拖拉机翻耕均匀后，立即浇水至 20 cm 土层完全湿润。

步骤 5 将透明薄膜拉平，紧密覆盖地表，用固定物紧密固定透明膜边缘，做好密封。

步骤 6 在膜下继续灌水直至地膜和土壤严密接触，维持密闭状态。

步骤 7 扣紧大棚膜，检查地膜和棚膜是否有透风部分，若有应及时修补。

步骤 8 一般在 8 月中下旬除去大棚膜和覆盖的地膜，确保通风以降低地温。用拖拉机翻耕，使土壤自然晾干，土壤换气后在田间覆盖薄膜，为后续工作做准备。

注意事项

1. 地膜、温室棚膜若有破损应及时修补和更换，防止不能完全密闭而导致保温、升温效果差。

2. 选择合适的处理时期，保证闷棚时间，膜下必须保持灌水湿润状态，只有密封 25 天以上才能起到杀菌、杀虫的效果。

3. 施用地点应远离禽畜养殖场、鱼塘等区域，避免水流引发毒害作用。

4. 工作人员在撒施氰氨化钙前后 24 h 内不要饮酒，撒施后漱口，用肥皂水洗手、洗脸。

5. 未用完的氰氨化钙应密封存放在通风、干燥处。

整理植株

操作准备

1. 花果期草莓大棚 1 个（未进行植株整理）。

2. 回收空桶 1 个，竹篮 1 个。

操作步骤

步骤 1 观察植株，保留主茎和主芽。

步骤 2 轻轻摘除腋芽、匍匐茎。

步骤 3 轻轻摘除下部老叶、枯叶、病叶，不要损伤主茎。

步骤 4 摘除每个花序的晚弱花蕾和发育不良的果实，摘除时要用拇指和食指捏住花茎、果茎，轻轻掐断，不要用力拉扯。

步骤 5 摘除畸形果、病虫危害果、生理性病害果。

步骤 6 将摘除的植株残体放入竹篮中集中带出棚外，倒入回收桶内。

铺地膜

操作准备

1. 草莓大棚 1 个（已定植生产苗，未铺地膜）。
2. 插刀 1 把、平板铲 1 把，放膜架 1 只，地膜 1 卷，压膜物若干，卷尺 1 把。

操作步骤

步骤 1 用工具清除草莓植株周围杂草，连同根部挖掉。

步骤 2 进行植株整理，保留主芽和 6 ~ 8 片功能叶，摘除老叶、黄叶、病叶，摘除匍匐茎。

步骤 3 将地膜打开，放置在田头，用放膜架拉出地膜，使地膜完整覆盖两行植株，沿中心线对齐，畦两端地膜预留宽度一致。

步骤 4 将地膜拉紧，两端用压膜物固定，在每个苗株正上方破孔，孔洞大小适中。

步骤 5 用食指穿过孔洞旋出苗株，操作轻柔，不损伤苗株。

步骤 6 苗株全部旋出后将地膜两侧平整、紧实地固定在畦的两侧，完整覆盖畦面。

步骤 7 检查苗株，确保所有叶片完全在地膜上方。

采收果实

操作准备

1. 盛果期草莓大棚 1 个。
2. 竹篮 1 个，干净纱布 1 块，食品用电子秤 1 个。
3. 包装盒 1 个。

操作步骤

步骤 1 在竹篮内放入干净纱布铺垫。

步骤 2 采收成熟度约八成熟的果实，用大拇指和食指捏住果柄，将果柄掐断，连同果柄一起摘下，所留果柄 2 cm 左右，不要碰伤果实，将果实整齐地摆放在竹篮内，每篮不宜装得太满，避免挤压果实。

步骤 3 将采摘的果实带出棚外放置在阴凉处。

步骤 4 将包装盒摆放在电子秤上，清零，根据果实分级标准，选取同一级别果实整齐摆放在包装盒中，直至称重达到包装规格。

测试题

一、判断题（将判断结果填入括号中。正确的填“√”，错误的填“×”）

1. 夏季设施休闲时可以使用碳酸氢铵进行土壤消毒，利用 7—8 月盛夏高温灌水进行土壤消毒。（　　）

2. 高温闷棚是指利用器材进行加热产生高温，在密闭环境中将土壤中的致病因子杀死。（　　）

3. 覆盖棚膜后，温度主要通过放风口调节。（　　）

4. 以防除杂草为主要目的时，铺设地膜可以选用透明膜。（　　）

5. 草莓保温后，植株生长旺盛，应该摘除多余侧芽和匍匐茎。（　　）

6. 蜂箱移入田间后，应避免施用农药，尤其是杀虫剂。（　　）

7. 疏花时，应首先掐去同一花序中的低级序花。（　　）

8. 采收时应整齐地将草莓摆放在容器中，注意不要挤压果实。（　　）

二、单项选择题（选择一个正确的答案，将相应的字母填入题内的括号中）

1.（　　）不能减轻草莓连作障碍。

A. 土壤太阳能高温消毒　　B. 补充化肥

C. 与玉米轮作　　D. 深耕改良土壤

2. 高温闷棚时，通过（　　）措施以保证消毒杀菌的效果。

A. 密封、晾田、通风　　B. 深翻、灌水、通风

C. 深翻、做畦、通风　　D. 密封、灌水、高温

3. 夏季高温闷棚时，应保证地表 20 ~ 30 cm 以下的地温达（　　）℃以上。

A. 25　　B. 35　　C. 45　　D. 70

4. 草莓花果期应提高（　　）配比。

A. 磷肥　　B. 氮肥

C. 钾肥和微量元素　　D. 氮肥和磷肥

5. 上海地区通常在（　　）覆盖内棚膜。

A. 9 月下旬—10 月上旬　　B. 10 月下旬—11 月上旬
C. 11 月下旬—12 月上旬　　D. 1 月下旬—2 月上旬

6. 喷施赤霉素时，应喷施在（　　）。
A. 心叶　　B. 叶片背面　　C. 匍匐茎　　D. 植株周围

7.（　　）无法减少草莓畸形果的形成。
A. 疏花疏果　　B. 施用农药　　C. 放蜂授粉　　D. 控温控湿

8. 一天中，采收草莓的时间宜在（　　）。
A. 早晨露水干透后至上午 9 时　　B. 上午 10 时—上午 12 时
C. 上午 12 时—下午 2 时　　D. 下午 2 时—下午 4 时

测试题参考答案

一、判断题

1. ×　2. ×　3. √　4. ×　5. √　6. √　7. ×　8. √

二、单项选择题

1. B　2. D　3. C　4. C　5. C　6. A　7. B　8. A

培训任务 3

绿色防控

培训目标

了解绿色防控技术分类。

熟悉草莓病虫害发生特点、传播途径与防控方法。

掌握草莓病虫害农药选用要点。

熟悉草莓标准化生产管理体系。

能够配制液态类、固态类农药制剂。

能够使用弥雾机。

能够燃放烟雾剂。

能够释放捕食螨。

学习单元 1

绿色防控技术分类

绿色防控是在 2006 年全国植保工作会议上提出的一个技术性概念，是以“公共植保、绿色植保”为基础，根据“预防为主、综合防控”的植保方针，结合现阶段农作物植保需要的可行性技术措施。通过使用绿色防控技术，可以有效控制农作物病虫害发生发展，确保农作物生产安全、农产品质量安全和农业生态环境安全，最终确保种植户增产增收。绿色防控技术主要分为农业防控技术、物理防控技术、生物防控技术、化学防控技术等。草莓在大棚生产中，按照绿色防控的植保方针，采取“农业防控、物理防控、生物防控为主，化学防控为辅”的综合性防控措施，结合田间栽培管理，营造利于草莓生长而不利于病虫害发生发展的环境，把病虫危害及化学农药用量控制在最低水平，达到确保草莓鲜果品质与食用安全的目的。

一、农业防控技术

1. 选用抗病虫品种

草莓生产上选用抗病虫品种可以有效减轻栽培中的防控压力，植株应选择品性纯正、没有病虫害的壮苗进行定植。草莓品种不同，对病虫害的抗性也不同。例如，“宝交早生”“春香”较抗白粉病，“新明星”“明宝”“章姬”较抗灰霉病，“宝交早生”“达娜”较抗疫病。在常规的草莓栽培品种中，“红颜”易感灰霉病、白粉病，“章姬”

易感蚜虫，在选择品种后应针对其易感的病虫害进行重点防控。

2. 选用脱毒种苗

在常年种植草莓的地区，种植户通常自繁自育生产苗。草莓植株经多年种植后，病毒积累较多，导致其种性退化严重、抗逆性降低，出现植株变矮、果实变小、畸形果比例变高、花叶、黄边等症状，移栽后死苗率高达40%。

在生产中，建议选用经组织培养脱毒的草莓生产苗，其田间表现较好，长势旺、品质好、抗逆性强，病毒含量低，可以从源头控制真菌、细菌、线虫等危害，有效解决自繁自育生产苗出现的问题。

3. 栽培管理措施

（1）草莓大棚生产选址最好远离工业工厂污染源、生态环境良好、光照充足、地势较高的地块。不宜选择与草莓病虫害有共生寄主的作物地，切忌选在前茬种过黄瓜、辣椒、马铃薯等农作物的地块。

（2）优化种植制度，采用轮作，避免连作。轮作农作物可以吸收土壤中部分盐分，防止次生盐渍化，水旱轮作较佳。

（3）定植需保持一定栽种密度，利于植株伸展和通风透光，一般垄栽2行，畦内行距20 cm、每亩以栽6 000～8 000株为宜，高大型品种株距22～25 cm，紧凑型品种株距为15～18 cm。垄高35 cm以上，垄面宽35 cm，垄沟宽30 cm，畦面弓背形，以利于排水通风。

（4）实行水肥一体化灌水，避免沟内灌水导致棚内湿度过大。采用无滴农膜或消雾膜扣棚，在垄沟铺设新鲜的干稻草，起到降低棚内湿度、保温、整洁的作用。大棚周围开沟深于棚内垄沟，利于排水且减少病菌传播。

（5）施肥以有机肥为主，不过多施用氮肥，偏施氮肥会导致草莓营养生长过剩，不利于病虫害防控。

（6）在草莓整个生育期，需要经常摘除老叶、弱叶和病叶。生长初期要及早摘除长势弱的侧芽和抽生的匍匐茎，花果期要疏去发育不良的花和畸形果，调节植株生长的营养分配，改善植株间通风透光状况，减少病菌滋生。摘除发病或腐烂的枝叶、果实，及时带出大棚并集中销毁，尽量减少病菌随风传播。尤其是发病致死的植株，要连根拔除带出大棚集中处理。采收期要注意及时采摘，避免商品性差、熟透的浆果长期滞留棚中，造成病菌腐败扩散而大面积传播。

二、物理防控技术

应用物理防控措施防控病虫害对人最安全，主要物理防控技术如下。

1. 悬挂色板

色板可以根据不同害虫对颜色的趋性原理进行诱杀，蚜虫、蓟马、粉虱等害虫对草莓的产量和品质有不同程度的影响，其中蚜虫和粉虱可通过黄板诱杀，蓟马可通过蓝板诱杀。悬挂色板应在草莓定植后开始，到次年采收结束为止。色板可直接购买，也可自己制作，尺寸一般为 30 cm × 20 cm，方法是在纸板正反面分别涂黄色和蓝色，晾干后涂抹凡士林 + 机油。悬挂方法是在植株上方 30 ~ 50 cm 处每亩悬挂 40 片，用绳或铁丝穿过色板悬挂孔，将其垂直悬挂在棚架上，交叉分布排列，注意更换粘满虫子的色板，根据虫害危害程度适当增加或减少色板数量。为防止开花期放养的蜜蜂被粘上，可在色板外加孔径稍小于蜜蜂大小的网罩。

2. 驱避阻隔

棚内通风口和两侧卷膜通风处设置 40 ~ 60 目的防虫网，可以防止蚜虫、夜蛾等害虫迁入棚内；可在行间间隔 5 m 种植葱、蒜等，利用其特殊气味驱避害虫。大棚出入口用银黑色地膜覆盖垄面，具有驱避蚜虫、减轻灰霉病和抑制杂草的效果，注意银色面朝上、黑色面朝下。

3. 诱杀防控

在棚内安装诱捕器可诱杀害虫，在 9 月草莓定植前及定植后至 11 月间，操作时要把诱捕器挂在上风口，距地面 1 m 左右，用铁丝穿过边上的两孔固定在竹竿上，每亩安装 1 个，每 5 天清理 1 次，每月换 1 次诱芯。利用昆虫的趋光性，在大棚周围放置频振式杀虫灯，在晚 9 点到次日凌晨 4 点定时开灯诱杀夜蛾，并及时清理虫体。

三、生物防控技术

1. 害虫天敌防控

在草莓生产中，可以利用害虫天敌进行防控，如捕食螨、食蚜蝇、瓢虫、蚜茧蜂等均可调控害虫基数。对蚜虫可释放七星瓢虫、阿布多小蜂等进行防控；对叶螨、蓟马等害虫可在花果期适量释放捕食螨（虫害严重时可加大用量）进行防控；对粉虱可释放丽蚜小蜂成虫进行防控。

2. 生物农药防控

生物农药主要有微生物农药和植物源农药，具有无残留、无污染，害虫不易产生抗药性，对人畜安全，对天敌杀伤力小等优点，近年来被广泛使用。

生物农药使用以预防为主，几乎可在草莓全生育期使用，一般使用 1～3 次，具体要根据病虫害程度选择使用次数，注意不在开花期使用，如果在采果期用药，注意安全间隔期，将成熟的浆果采完后再使用。微生物农药适合在阴天或傍晚使用，忌与化学农药混用，如果要与化学农药交替使用，则需至少间隔 15 天。

生物农药能有效防控病害。根腐病、黄萎病、枯萎病可在草莓定植前选用微生物农药，如 3 亿 CFU/g 哈茨木霉菌可湿性粉剂 500 倍液或 1 000 亿活芽孢 /g 枯草芽孢杆菌可湿性粉剂 500～1 000 倍液，浸泡根部 30 min 左右再种植，并在定植后 3～5 天连续灌根处理 3 次。生物农药防控炭疽病、灰霉病、白粉病，可选用 2 亿孢子 /g 木霉菌可湿性粉剂或 3 亿 CFU/g 哈茨木霉菌可湿性粉剂 500 倍液；或可选用 1 000 亿活芽孢 /g 枯草芽孢杆菌可湿性粉剂 500～1 000 倍液防控白粉病。

蓟马、夜蛾可以选用 60 g/L 乙基多杀菌素悬浮剂（艾绿士）1 500～2 000 倍液防控；蚜虫可以选用 1.5% 苦参碱可溶液剂 1 000 倍液防控；夜蛾可以选用 16 000 IU/g 苏云金杆菌可湿性粉剂 1 000～1 500 倍液防控。

四、化学防控技术

1. 化学防控原则

化学防控以“适时防控、生产必需、安全有效”为原则。病害在发病初期要尽早控制，虫害在害虫低龄期及时用药控制。具体药剂根据病虫害发生情况选择。需要重视的是：开花前要预防病害，盖棚保温前要完成虫害化学预防，采收期控制用药，如必要时需用药，必须采完成熟浆果后防控，且要注意交替用药；草莓用药后严格执行安全间隔期，安全间隔期后方可采收上市。

2. 化学药剂选择

化学防控需选用高效、低毒、低残留的化学药剂，优先使用绿色防控产品建议名录药剂，并严格控制用药量、用药浓度和安全间隔期。严禁使用高毒、高残留农药。部分农药虽然在草莓生产上可以使用，但必须严格控制用量和使用次数。

截至 2022 年 3 月底，我国已禁限用 50 种农药，包括：六六六、滴滴涕、毒杀芬、二溴氯丙烷、杀虫脒、二溴乙烷、除草醚、艾氏剂、狄氏剂、汞制剂、砷类、铅类、敌枯双、氟乙酰胺、甘氟、毒鼠强、氟乙酸钠、毒鼠硅、甲胺磷、对硫磷、甲基对硫磷、久效磷、磷胺、苯线磷、地虫硫磷、甲基硫环磷、磷化钙、磷化镁、磷化锌、硫线磷、蝇毒磷、治螟磷、特丁硫磷、氯磺隆、胺苯磺隆、甲磺隆、福美胂、福美甲胂、三氯杀螨醇、林丹、硫丹、溴甲烷、氟虫胺、杀扑磷、百草枯、2,4- 滴丁酯、甲拌磷、甲基异柳磷、水胺硫磷、灭线磷。

其中，2,4- 滴丁酯自 2023 年 1 月 29 日起禁止使用；溴甲烷可用于“检疫熏蒸处理”；杀扑磷已无制剂登记；甲拌磷、甲基异柳磷、水胺硫磷、灭线磷，自 2024 年 9 月 1 日起禁止销售和使用。

3. 化学防控方法

在草莓生育期，苗期是使用化学药剂相对安全的阶段。化学防控的重点在于开花期不防控；结果期主要采取生物防控与物理防控相结合，不用或少用化学药剂。需要注意的是：草莓病虫害对化学药剂容易产生抗性，宜将 2 ~ 3 种药剂轮换或交替使用，一般安全间隔期是 7 ~ 10 天，有些杀虫剂的安全间隔期更长。多种化学药剂混用时要了解清楚是否会产生化学作用而降低药效。

草莓病害的化学药剂药效防控，在草莓定植前选用 250 g/L 吡唑・醚菌酯（凯润）1 500 倍液或 60% 唑醚・代森联（百泰）1 500 倍液，浸根 30 min 左右可预防土传病害；选用 50% 啶酰菌胺（凯泽）1 500 倍液或 42.4% 唑醚・氟酰胺（健达）2 500 ~ 3 500 倍液可防控灰霉病；选用 42.8% 氟菌・肟菌酯悬浮剂（露娜森）1 500 倍液可防控炭疽病、灰霉病和白粉病。

草莓虫害的化学药剂药效防控，选用 22% 氟啶虫胺腈悬浮剂（特福力）4 000 ~ 5 000 倍液可防控蚜虫、烟粉虱、蓟马；选用 110 g/L 乙螨唑悬浮剂（来福禄）5 000 ~ 7 000 倍液或 43% 联苯肼酯悬浮剂（爱卡螨）2 000 ~ 3 000 倍液可防控叶螨。草莓在采收期谨慎使用化学药剂，必要时要选用较高安全性的药剂，如水分散粒剂、悬浮剂等，降低药害风险。

学习单元 2

草莓病害识别

草莓栽培生长期一般在当年 9 月—次年 5 月。9 月初进行草莓定植，此阶段降雨偏多，定植后遇高温、高湿气候条件易感染炭疽病；进入冬季，棚内的温度等环境条件有利于害虫增殖和病菌生长，如果遇到连续阴雨天气，草莓灰霉病极易爆发，近年来白粉病也时有发生；3 月初气温开始回升，叶螨开始发生；4 月雨水频繁，白粉病较易发生，应做好预防。

草莓生长周期较长，生产上常见的主要病害是“三病”，分别是炭疽病、灰霉病和白粉病，还有根腐病、枯萎病、叶斑病、病毒病等也时有发生。侵染性病害一般由细菌、真菌、病毒和线虫侵入植株造成，其中，真菌病害又分为低等真菌病害和高等真菌病害。低等真菌病害包括霜霉病、根腐病、晚疫病等，高等真菌病害包括白粉病、炭疽病、灰霉病、叶斑病、黄萎病等。细菌性病害包括细菌性角斑病、空心病、青枯病等。生理性病害一般是由非生物因子引起的病害，如温度、水分、营养、光照、有毒物质等阻碍植株正常生长而出现不同发病症状。正常生长植株对不利环境条件有一定的适应能力，如果持续时间过长或超过植株的承受范围，植株的生理活动会受到严重破坏，导致病害发生。这些病害不会相互传染，所以又称生理性病害或非传染性病害，主要包括缺素症、药害、冻害等。

生理性病害的诊断通常通过调查和现场观察，并了解相关环境变化情况就可做出判断；或可使用排除法，依据侵染性病害特点和试验结果，最大限度排除侵染性病害的可能。在排除侵染性病害时，应该知晓生理性病害的主要特点：一是没有病征，但是后期抗病性降低会有腐生菌类出现；二是没有传染性，即没有发病中心；三是在适当的环境条件下，有的生理性病状可以很快恢复。

一、炭疽病

1. 发生特点

炭疽病是典型的高温高湿型真菌病害，是草莓的主要病害之一，其由 3 种病原菌引起，分别是炭疽菌、胶孢炭疽菌或尖孢炭疽菌，以分生孢子的形式在发病组织或病残体中越冬。在苗期气温达 26 ~ 32 ℃的盛夏高温雨季的 7—9 月底易流行盛发，如图 3-1 所示，危害草莓匍匐茎、叶柄、叶片、果实等。发病时草莓茎叶病斑呈溃状，稍凹陷，随后病斑包围叶柄一周，病斑以上部分枯死。侵染初期呈纺锤形溃疡状凹陷病斑，然后扩大为深色硬病斑，严重时侵入短缩茎致使整株凋萎枯死，病株表现为根部自外向内褐变，而维管束不变色。果实受害会产生近圆形褐色病斑，呈软腐状并凹陷。

图 3-1 草莓炭疽病

2. 传播途径

草莓炭疽病菌主要通过土壤及种苗传播。炭疽病菌在发病组织或病残体越冬后，从草莓现蕾期开始，在植株近地面幼嫩部位侵染发病。一般多年连作的田块发病较为严重，在正常生长环境下，氮肥施用过多会导致植株叶小茎高，定植密度过大会造成通风透光差而发病。同时，草莓炭疽病菌不能通过气流传播，其分生孢子可借风雨传播，还可随病苗、病叶、病果异地传播。

3. 防控方法

（1）培育壮苗。选用健壮苗株可以防治草莓炭疽病。选择种性纯正、生长健壮、抗病性强、根系发达的无病生产苗。适当增施磷钾肥，加强田间管理，增强植株抗病力，有助于减轻病害。

（2）合理间作或轮作。水旱轮作效果较好，也可间作玉米，改良土壤。

（3）蘸根或喷雾。定植前用70%的甲基托布津可湿性粉剂500倍液浸苗20 min，待药液干后移栽。移栽后用25%阿米西达悬浮剂1 000～2 500倍液或25%吡唑醚菌酯乳油凯润1 500～2 000倍液或40%腈菌唑悬浮剂4 000～6 000倍液或500 g/L氟啶胺悬浮剂30～35 mL/亩喷施，注意交替使用。

二、灰霉病

1. 发生特点

灰霉病是典型的低温高湿型真菌病害，是草莓的主要病害之一。在草莓开花、采收等生长阶段都有可能发生，一般在草莓开花结果期以温度0～25 ℃、湿度80%以上或植株表面有积水时易流行发生，危害草莓花、叶和果实。侵染初期，灰霉病菌侵入刚开放的花或老叶，花呈现浅褐色并产生灰色霉层。侵染花器时，最初在花萼上产生水渍小点，然后拓展为椭圆或不规则斑，且表面湿腐状，在湿度较大时，病部有霉层，严重时可直接造成花萼枯死，如图3–2a所示。叶片多侵入叶基部、老黄叶边缘或花瓣掉落部位，形成近圆形坏死斑且有不甚明显的轮纹。果实染病初期呈水渍状灰褐色坏死，随后颜色变深腐烂，在表面产生浓密的霉层，果实变软而腐败，如图3–2b所示。

2. 传播途径

灰霉病菌多以菌丝体、分生孢子传播，一般会随病残体或菌核在土壤内越冬，然后通过通风、灌水或农事操作而传播。

3. 防控方法

（1）保证田块设施完备，排灌方便，能够做到雨停无积水，雨后及时清理沟系，降低田间湿度。

a）灰霉病花萼　　　　b）灰霉病果

图 3-2　草莓灰霉病

（2）棚膜使用 PO 膜（厚 0.10 ~ 0.15 mm），可以流滴消雾，有效避免棚内湿度过大而起雾；透光性好、棚内升温快，湿度随温度升高而快速下降，从而减少灰霉病的发生。

（3）发病前或感病初期，使用 1 000 亿芽孢 /g 枯草芽孢杆菌可湿性粉剂或 2 亿孢子 /g 木霉菌可湿性粉剂或 4% 小檗碱水剂等生物药剂，可提早预防或防控草莓灰霉病。

（4）药剂防控选用 42.8% 氟菌・肟菌酯悬浮剂 25 ~ 30 mL/ 亩或 42.4% 唑醚・氟酰胺悬浮剂 20 ~ 30 mL/ 亩防控，每 7 ~ 10 天喷施 1 次，药剂注意轮换使用，防止产生抗药性。

三、白粉病

1. 发生特点

白粉病是典型的真菌病害，不属于专性腐生菌，是草莓的主要病害之一，主要危害叶片、果实，也可侵害叶柄、花，该病害喜欢干湿交替的环境。一般坐果后开始发病，多在气温 15 ~ 25 ℃、湿度大时发病，低于 5 ℃和高于 35 ℃不易发病，强光不利于病菌的生长；阴天多雨容易发生。侵染初期，如图 3-3a 所示，在叶背面长出近圆形的粉斑，叶片正面生出薄薄的白色菌丝层；随后病斑逐渐扩大，扩展为白色粉状物，叶片边缘逐渐向上卷起，呈汤匙状，叶片上发生大小不等的暗色污斑和白色粉状物；后期呈红褐色病斑，直至叶缘萎缩、焦枯。花染病初期，花瓣呈紫红色或浅粉红色，花蕾不能正常开放，花托不能正常发育。幼果染病会生出紫红色斑点，被白色菌丝包裹，不能正常膨大，后期发育停止、干枯，严重时，整个果面有一层白色，如图 3–3b 所示，果实丧失商品价值。

a）白粉病叶

b）白粉病果

图 3–3　草莓白粉病

2. 传播途径

病菌随病残体留在地上或在存活的草莓老叶上越冬或越夏，成为次年初侵染源。草莓白粉菌是专性寄生菌，主要依靠带病的草莓苗等繁殖材料进行中远距离传播，气候有助于病菌孢子在田间扩散蔓延。病原菌主要靠空气传播，降雨可抑制孢子飞散，晴天午后则大量飞散传播。

3. 防控方法

（1）草莓缓苗后及时摘除病老叶、残叶及病果并带出棚外，避免病菌传播。

（2）栽植密度避免过大，保证适宜的株距、行距，加强田间通风透光。

（3）草莓开花前用保护性杀菌剂或内吸性杀菌剂预防，选用 2% 武夷菌素水剂 200 倍或 2% 嘧啶核苷类抗生素水剂 200 倍或 30% 吡唑醚菌酯悬浮剂 4 000 倍液预防。

（4）发病前或感病初期，使用生物药剂 1 000 亿芽孢 /g 枯草芽孢杆菌可湿性粉剂，可提早预防或防控草莓白粉病。

（5）发病前喷施保护性杀菌剂 25% 醚菌酯悬浮剂 1 500 倍液，在叶片表面形成一层薄膜，防止病菌侵入，也可造成缺氧条件使白粉病菌死亡。在发病初期，可选用 50% 醚菌酯悬浮剂（翠贝）1 000 倍液或 10% 世高水分散粒剂 1 500 倍液或 12.5% 腈菌唑乳油 1 500 倍液或 42.4% 唑醚 · 氟酰胺悬浮剂 10 ~ 20 mL/ 亩或大黄素甲醚水剂喷雾防治，每 7 ~ 10 天 1 次，连续 2 ~ 3 次，尽量选择在晴天操作。

四、其他常见病害

1. 红中柱根腐病

（1）发生特点。红中柱根腐病也称红心根腐病，是典型的低温型土传病害。由疫霉菌引发，在土壤温度低（6～10 ℃）、湿度高的环境下易发，土壤温度高于 25 ℃不易发病，主要危害叶片、果实、果梗。常见的症状表现有两种，分别是急性型萎凋和慢性型萎缩。急性型萎凋表现为叶尖萎凋，然后青枯，最终全株迅速枯萎而死。慢性型萎缩表现为植株矮化、萎缩，老叶边缘变紫并逐渐向上扩展，直至整株萎蔫、枯死，最终病根的木质部及髓部表现为褐变坏死，全株枯死。在侵染初期，叶片逐渐失去光泽，新叶、老叶几乎同时萎蔫，如图 3–4 所示。如果将植株根部挖出，则会看到根部变软、腐烂，侧根较少且根部中心位置呈红褐色，根部中心红褐色是红中柱根腐病的最直接证据。

图 3–4　草莓红中柱根腐病

（2）传播途径。红中柱根腐病菌多在土壤环境下存活，一般通过病土和病苗传播。具体方式是：在土壤中可存活数年的卵孢子在晚秋产生孢子囊并释放出游动孢子，待成功侵入植株根部后出现病斑，然后在病斑处产生孢子囊，孢子囊借灌水或雨水冲刷蔓延，游动孢子成功侵入主根或侧根尖端的表皮。一般情况下，菌丝会沿着中柱生长而变红、腐烂。

（3）防控方法

1）选用抗性品种。培育出抗疫霉菌的草莓品种，是控制草莓红中柱根腐病的有效方法。

2）合理轮作。避免重茬结合土壤消毒，可有效减少红中柱根腐病发生。

3）磷钾肥充足。确保草莓植株磷钾肥充足，不易感染红中柱根腐病。草莓灌根或者喷施 0.3% ~ 0.5% 的磷酸二氢钾水溶液，在提高药效、强化防治效果的同时，还能促进开花结果，从而提高坐果率。

4）化学药剂防控。需要用药剂进行根部淋灌和叶面喷雾，灌根时做到水分完全渗入土壤而不外流，叶面喷雾注意均匀喷施所有叶片，直到有水珠往下滴向根部周围的土壤。每 7 天 1 次，连续 3 次。化学药剂可选用 80% 代森锰锌可湿性粉剂水溶液 700 倍液或 69% 烯酰锰锌可湿性粉剂水溶液 500 倍液或 72% 霜脲锰锌可湿性粉剂水溶液 600 倍液等，注意交替轮换使用。

2. V 形褐斑病

（1）发生特点。V 形褐斑病又称褐色轮斑病，是典型的偏低温高湿型病害。一般草莓发病率为 25% ~ 52%，主要危害叶片、叶柄、果实，多从叶片边缘侵染。春季多雨天气容易发生和传播，发病高峰是在草莓开花期和花芽分化形成阶段，温度达 28 ℃以上极少发生。该病多从老叶侵染发病，在侵染初期，叶面出现紫褐色小斑点，表现为不规则形或近圆形；逐渐发展为病斑中部灰白色、边缘紫红色，并有明显的轮纹，病斑上出现较多的黑色点状物，如图 3–5 所示。侵染嫩叶多从叶面顶部开始，会很快沿着主脉呈 V 形蔓延。

图 3–5　草莓 V 形褐斑病

（2）传播途径。V 形褐斑病的病原菌一般在病株残体进行越冬或越夏，在秋冬时节会形成病原菌的子囊及分生孢子，主动释放后，在空气中通过风雨蔓延传播，进而侵染发病。

（3）防控方法

1）避免重茬，结合土壤消毒，可有效减少 V 形褐斑病发生。

2）在不影响草莓正常生长情况下，适当调节生长环境的温湿度，对 V 形褐斑病能起到控制作用。

3）在植株收获后，对田块病残落叶进行彻底清除，对棚膜、架材等表面喷药消毒灭菌，减少病原菌残留越冬或越夏。

4）药剂防控。定植移栽后，用 2% 武夷菌素水剂 200 倍液或 250 g/L 阿米西达悬浮剂 1 000～2 500 倍液等，间隔 7 天喷施 1 次，连续 2～3 次，注意交替轮换使用。

3. 枯萎病

（1）发生特点。枯萎病是典型的土传真菌病害，是草莓主要土传病害之一，从苗期至采收期均有可能发生。根冠、叶柄、果梗等部位的维管束呈褐色或黑褐色。从根部纵剖面镜检可以看到生长的菌丝。被侵染后，植株心叶黄化并伴有畸形叶产生。在侵染前期，病株生长衰弱、结果率低，果实瘦小，果实口感变差；在侵染后期，植株匍匐茎减少，直至整株枯萎而死。

（2）传播途径。病原菌可在土壤、植物残体和肥料中越冬，主要病原菌有菌丝体、厚垣孢子、分生孢子。通过农业器具近距离传播，或通过带菌的种苗、土壤进行远距离传播。土壤连作、排水不良等因素都会加重枯萎病的发生。

（3）防控方法。以化学防治为主，可选用甲基托布津喷雾防治。

4. 黄萎病

（1）发生特点。黄萎病是典型的土传真菌病害，属轮枝孢属真菌，是草莓主要土传病害之一。真菌侵染从植株根部伤口、新生根表皮开始，先在维管束集中繁殖，然后逐步扩散至根系和地上植株。真菌侵染的适宜土壤温度在 20 ℃以上、气温 23～28 ℃，气温高于 28 ℃明显减少。在花蕾阶段，长时间气温低于 15 ℃易被侵染。侵染后，叶片的叶缘和叶脉之间变成黄褐色萎蔫，干燥时枯死。新生的嫩叶变灰绿色下垂，心叶矮化、叶脉变成黄褐色萎蔫，叶片逐渐枯死，最后死亡。从根茎横切面看，维管束沿叶柄、果柄向上呈褐色，轻度时根不腐，重度时根腐，地上部分全部枯死。

（2）传播途径。病原菌可在有病株残体的土壤中越冬，主要以菌丝体或厚垣孢子为主，可在土壤中存活 6 ~ 8 年。通过生产苗、土壤、堆肥传播，也可以通过灌溉、降雨、农事操作等进行传播。土壤连作、排水不良等因素都会加重黄萎病的发生。

（3）防控方法

1）避免重茬，结合土壤消毒，可有效减少黄萎病发生。

2）在植株收获后，对田块病残落叶进行彻底清除，对棚膜、架材等表面喷药消毒灭菌，减少病原菌残留越冬或越夏。

3）在生产苗定植时，选用 20% 噻菌铜悬浮剂（龙克菌）、甲基托布津等蘸根或灌根，降低表层土壤的病菌含量，可以有效降低发病率。

五、生理性病害

种植户在草莓生产中，对生理性病害的认知比较模糊，已经成为影响草莓绿色优质高效生产的重要障碍。草莓生理性病害由不良的环境条件引发，一般表现为发病面积较大，但是没有传染性，也没有明显的发病中心。生理性病害常因误诊而误用农药发生肥害、药害等。由于草莓传统栽培模式的突破，反季节促成栽培草莓已逐渐成为主流栽培模式，但在草莓实际生产中，常出现不良气候、土壤条件、栽培措施和肥水管理不佳等情况，导致植株营养失衡现象，种植户有时会把植株缺素当病害治疗，既增加成本又影响草莓正常发育。因此，有必要对草莓生理性病害进行科学、及时的诊断和防控。

1. 缺铁

（1）发生特点。以叶片表现最为明显，主要症状是叶片黄化，但是引起叶片黄化的因素很多，需要正确辨识并有针对性地解决问题。在发病初期，幼叶首先失绿表现为斑驳状；在发病中期，只有叶脉为绿色，进而叶片边缘出现变褐、干枯，一般是从叶尖向下扩展，如图 3-6 所示。比较严重时，新长出的小叶会出现白化，叶片边缘褐变、出现坏死斑，最终叶片死亡。

（2）应对方法

1）合理浇水。改善根系吸收环境，避免水分过多或过少。

2）避免与磷肥同时使用，以免磷元素过多而抑制铁元素吸收。

3）重点关注结果期。缺铁主要发生在草莓结果期。植株养分供给不均会导致自身抗性下降，缺铁严重可叶面追施硫酸亚铁 2 ~ 3 次。尽量选择在晴天上午，此时叶片气孔开合度大，有利于吸收。

图 3–6　草莓缺铁

2. 缺磷

（1）发生特点。磷可促进花芽分化，促进幼苗根系生长，改善果实品质。在植株生理活动中，参与 ATP 反应、糖类代谢、蛋白质代谢和脂肪代谢，可提高草莓植株抗寒性和抗旱性。叶片含磷量低于 0.2% 时会出现缺磷，钙含量多或酸度高的土壤条件下，磷不能被正常吸收，易出现缺磷。缺磷初期表现为叶色加深，近叶片边缘出现紫褐色斑点，如图 3–7 所示，缺磷加重则叶片顶部出现紫红色斑点，造成草莓开花期、结果期延迟，抗性降低。植株生理活动中，缺磷会使蛋白质合成受阻，细胞分裂素含量降低，从而影响细胞分裂，抑制花芽分化，导致植株矮小。

（2）应对方法。草莓在定植后出现症状时，可对叶面喷施 99% 高纯磷酸二氢钾（磷钾极护）1 ~ 3 次，每次间隔 7 ~ 10 天。

3. 缺钙

（1）发生特点。钙是细胞壁果胶钙的重要成分，可增大细胞的硬度，降低细胞膜的透性。钙也是 ATP 水解酶、磷脂水解酶的活化剂。缺钙会引起草莓细胞壁、细胞膜的改变，难以保持稳定，更易遭受不良环境的影响。缺钙时以嫩叶和分生区表现最为明显，出现叶焦，根尖生长区受阻，幼叶叶片边缘坏死，果实着色变慢，如图 3–8 所示，注意与病毒病区分。钙在草莓植株体内不易移动，老叶中钙含量多，幼叶中钙含量少，幼叶缺钙表现最为明显。在缺钙初期，草莓根短粗、颜色变暗，加重时根部呈淡黑色，果实变硬、味酸，种子覆盖整个果面。

图 3-7　草莓缺磷

图 3-8　草莓缺钙

（2）应对方法

1）苗期增施有机肥。提高土壤肥力与透气性，增强钙活性。也要均衡施肥，避免氮肥过量，注意保持一定的土壤含水量。

2）喷施 1‰～2‰硝酸钙、糖醇钙或高钙叶面肥，减轻缺钙症状，尤其在果实膨大期要适度加人灌水。

4. 缺硼

（1）发生特点。硼在植物生理活动中，对糖类运转、生殖器官发育具有重要作用，酸性土壤容易缺硼。缺硼主要危害花、叶片和果实。在缺硼初期，草莓新生叶的叶片边缘黄化，造成叶片皱缩、焦枯，然后老叶叶脉失绿，最终整个叶片上卷，如图 3–9 所示。缺钙叶片也会皱缩，应注意区别。生殖器官表现为花小、授粉结实率低、果实畸形、种子多、落花落果等，果实品质变差，从而失去商品价值。

图 3–9　草莓缺硼

（2）应对方法

1）增施有机肥。改善土壤营养状况，为硼吸收创造适宜的土壤环境。

2）适时浇水。提高土壤中可溶性硼含量，加速植株吸收。

3）选用 1‰ ~ 2‰的硼砂，叶面喷施 2 ~ 3 次。由于硼砂很难吸收，可以增施 1‰的尿素溶液以提升吸收率。

5. 缺钾

（1）发生特点。钾可增强植株抗寒能力，提高果实的糖分和维生素 C 含量。磷肥过量会影响钾肥吸收；或氮、钾肥的同等量施入，因为草莓对氮肥和钾肥的吸收比是 2∶1，在有机肥不足且连年种植地块，钾会越来越少，从而引起草莓后期缺钾。缺钾症状一般从上部老叶叶片开始体现，叶片边缘黑色或褐色，叶片干枯，最终造成灼伤，如图 3–10 所示，易与光照灼伤混淆，应注意区分。

（2）应对方法。施用有机肥，或选用 0.3% ~ 1% 硫酸钾、氯化钾或生物钾肥喷施，可及时有效补充钾。

图 3-10　草莓缺钾

6. 缺镁

（1）发生特点。在植物体内，镁是叶绿素的重要组成成分，可以在光合作用和呼吸作用的过程中活化各种酶类和核酸。土壤氮肥施用过量、土壤钙中毒导致土壤碱性和温度较低时或有机肥施用不足而氮磷施入过量都会影响镁的吸收。缺镁症状一般出现在老叶上，表现为叶脉出现暗褐色斑点，如图 3-11 所示。然后顶部叶缘逐渐变黄、枯焦，最终全部成为带有死斑的黄色叶片，果实有白化现象，较软且口味偏淡。

图 3-11　草莓缺镁

（2）应对方法

1）增施有机肥。合理配施氮磷，注意调节土壤酸碱度，尽可能避免低温。

2）叶片可喷施 1%～2% 的硫酸镁，每 10 天 1 次，直至缺镁症状消失。

7. 缺锌

（1）发生特点。锌是草莓必需的营养元素之一，能促进植物光合作用和生长素的合成。缺锌一般表现为基部较老叶片变窄，结果少，植株矮小、节间缩短，光合作用减弱、新叶脉间退绿，出现褐斑。特有的表现是老叶出现表面组织发红，但没有坏死现象。缺锌严重的表现是新叶黄化，叶缘有明显锯齿，如图 3–12 所示。

图 3–12　草莓缺锌

（2）应对方法

1）增施有机肥，改良土壤。

2）叶片可喷施 0.05%～0.1% 硫酸锌溶液 2～3 次，每 10 天 1 次，切忌浓度过高，以免产生药害。

8. 冻害

（1）发生特点。草莓喜温凉而不耐热，生长适宜温度为 10～30 ℃，土壤温度是 15～18 ℃，低于生存温度就会受到冻害。一般在冬季气温骤降时发生，表现为叶片阴绿、萎蔫，花蕊变黑，柱头隆起，幼果干枯、僵死，产生各种畸形果，如图 3–13 所示，对种植户经济效益产生较大影响。

图 3-13 草莓冻害

（2）应对方法

1）完善硬件设施。草莓大棚加覆薄膜和黑色遮阳网，检查和加固大棚固定物，畦间铺稻壳、秸秆等保温材料。

2）保温增温。夜间棚外覆盖草苫或者盖保温被，棚内增温，棚内草莓植株上覆盖无纺布等。

3）喷施叶面产品。叶面喷施逆护、氨基酸类、腐殖酸、黄腐酸类等产品。

4）加强病害预防。利用中午温度高时，通过开南门调节棚内温度，排出湿气，下午提前关闭南门，做好保温工作。

9. 畸形果

（1）发生特点。花期授粉受精不充分会造成草莓畸形果（见图 3-14）。受精的形成种子，其果实正常膨大；未受精的不形成种子，其果实不膨大，因此形成凹凸不平的果实，从而失去商品价值。引起畸形果的原因很多，内在因素有栽培管理差、氮肥施用不当、花芽分化发育不良、雌雄器官发育不健全等，外在因素有环境条件恶劣、设施保温不好、花期温度过低、通风换气不及时和花药不能正常开裂等。

（2）应对方法

1）加强肥水管理。特别是在花芽分化和发育期，调整氮肥施用量，掌握适宜的移栽时间，防止出现雌雄器官不健全现象。

图 3-14　草莓畸形果

2）控温保湿。在草莓开花期，控制温度适合授粉受精，通过通风换气降低棚内湿度。

3）疏花疏果。疏除病小果、白果和畸形果，摘除次级花，保证果实的正常生长发育，提高商品价值。

4）花期不用农药。

学习单元 3

草莓虫害识别

一、斜纹夜蛾

1. 发生特点

斜纹夜蛾属鳞翅目夜蛾科，以幼虫为害为主，每年 5～6 代，9—10 月发生最多，多危害草莓叶片、嫩芽、花和果实，叶片背面被啃食，只留下叶表皮，新叶背面产有卵块。幼龄斜纹夜蛾啃食叶肉形成窗纱状，5 龄以上斜纹夜蛾进入暴食期，可假死但对阳光比较敏感，白天在阴暗的基部或土缝里，夜晚活动频繁。如图 3–15 所示，老熟幼虫头部黑褐色，体色常为淡褐色、黑褐色或灰绿色，散生白色斑点，背面有三角形黑斑。成虫多夜间活动，对黑光灯和糖醋液有趋性，以取食草莓叶片、花和果实为主，严重时虫害率达 30% 以上。

2. 传播路径

斜纹夜蛾主要通过生产苗携带、上茬作物残留、大棚附近的作物或杂草上迁移、外地迁入等传播。

3. 防控方法

（1）减少虫源。及时清除大棚内外杂草；收获后适时进行太阳能高温消毒，以破坏或恶化其化蛹场所；结合田间疏花疏果等农事操作，摘除携带卵块和幼虫的叶

图 3-15　草莓斜纹夜蛾

片、花枝等。

（2）生物防治。选用核型多角体病毒水分散粒剂 12 000～15 000 倍液或球孢白僵菌 400 亿个孢子 /g 可湿性粉剂 1 500～2 000 倍液喷施。

（3）趋避或诱杀。悬挂防虫网，阻隔成虫迁入。利用斜纹夜蛾成虫的趋光性，悬挂频振式杀虫灯诱杀成虫，也可使用性诱剂诱杀。

（4）化学药剂防控。交替使用 6% 乙基多杀菌素悬浮剂或 5% 甲氨基阿维菌素苯甲酸盐水分散粒剂进行防控。果实采摘前 15 天停止用药，避免造成药物中毒。

二、叶螨

1. 发生特点

叶螨是刺吸式口器害虫。在高温干燥的环境条件下，一般在 3—6 月易大面积发生，人的肉眼只能观察到一个小红点，受害初期叶上布满灰白色小点，随后发育迟缓、叶片黄化卷曲，植株萎缩矮化，如图 3-16 所示。通常以成螨、若螨在草莓叶背刺吸汁液、吐丝、结网、产卵，主要吸取嫩叶汁液而使叶片萎蔫，严重时叶片发红破坏叶绿素，光合作用受阻。叶螨危害植株矮化早衰，叶片干枯，僵果、畸形果增多，严重影响草莓鲜果的产量及品质，危害严重时可减产 30%～40%，甚至绝收。

2. 传播路径

叶螨主要通过风、雨或随生产苗传播。

图 3-16　草莓叶螨

3. 防控方法

（1）改善生长环境。定植前后清除植株老叶，减少害虫基数，并调节土壤水分保持湿润。

（2）天敌防控。释放天敌捕食螨以防控叶螨。

（3）化学药剂防控。防治叶螨时应注意早观察、早发现，确保早期彻底防除，以减少采收期喷药量。选用 110 g/L 乙螨唑悬浮剂（来福禄）5 000 ~ 7 000 倍液或 43% 联苯肼酯悬浮剂 3 000 ~ 5 000 倍液或 20% 丁氟螨酯悬浮剂喷雾防控，重点放在中上部位的幼嫩叶片、果实等部位，每 7 ~ 10 天 1 次，连续 2 ~ 3 次。果实采摘前 15 天停止用药，避免造成药物中毒。

三、蚜虫

1. 发生特点

蚜虫又称腻虫，是刺吸式口器害虫，虫体长 1 ~ 2 mm，使草莓叶片形成褪绿斑点，叶片卷曲变形，是病毒病传播的主要媒介。其主要集中在每年的 2—5 月和 9—12 月，群集于草莓叶柄、心叶、花蕾和叶片背面发生。危害草莓的蚜虫种类很多，以桃蚜和棉蚜为主，常以丛生的方式刺吸叶片汁液，如图 3–17 所示，造成叶片萎缩、卷曲和变形，严重时导致植株死亡，其繁殖力强，传播病毒造成种性退化。蚜虫粪便含有大量糖分，3 月、4 月最多，若行间湿度大会引来大量蚂蚁，从而诱发霉菌，增加防治难度。

图 3–17　草莓蚜虫

2. 传播路径

蚜虫繁殖速度很快，在低温天气，有翅蚜虫会在枯枝老叶下迁徙产卵越冬。

3. 防控方法

（1）切断传染源。在田间发生蚜虫为害症状时，及时摘除受侵染的老叶，并除去杂草。

（2）天敌防控。适时释放瓢虫、草蛉等蚜虫天敌，注意释放时蚜虫尚未大量发生。

（3）设置黄板。每亩悬挂 30 ~ 40 块黄板诱杀蚜虫。

（4）药剂防控。选用生物农药 1.5% 苦参碱可溶液剂或 10% 氟啶虫酰胺水分散粒剂或 22.4% 螺虫乙酯悬浮剂喷雾，防治效果较好。果实采摘前 15 天停止用药，避免造成药物中毒。

四、其他常见虫害

1. 白粉虱

（1）发生特点。在栽培上，草莓白粉虱危害最严重的时间通常为 8 月。其繁殖快，可越冬，多群集于草莓叶片背面吸取汁液，如图 3-18 所示，叶片失绿变黄，影响植株的正常生长发育和叶片的光合作用。可分泌蜜露，引起霉菌感染，造成叶片萎蔫，最终造成植株枯死。夏季气温较高，虫口密度增长，危害严重；之后随着气温下降，虫口密度减小。

图 3-18　草莓白粉虱

（2）防控方法

1）减少虫源。及时清除大棚残株和内外杂草；收获后适时进行太阳能高温消毒，以破坏或恶化其化蛹场所；结合疏花疏果等农事操作，摘除携带卵块和幼虫的叶片、花枝等。

2）设置黄板。每亩悬挂 30～40 块黄板诱杀白粉虱。

3）天敌防控。释放丽蚜小蜂成虫，每株 3 头，释放 3 次，可在棚内建立丽蚜小蜂种群，控制白粉虱数量。

4）药剂防控。选用 12% 扑虱灵乳油 1 000 倍液或 2.5% 功夫乳油 4 000 倍液喷洒均有较好效果。果实采摘前 15 天停止用药，避免造成药物中毒。

2. 蓟马

（1）发生特点。蓟马种类繁多，草莓栽培中的虫害主要是西花蓟马、烟蓟马等，其体型微小，有锉吸式口器，能锉伤花器、嫩叶等。危害严重时，会造成花朵萎蔫脱落而不能结实，植株矮小、生长停滞会造成茶褐色果，丧失果实的商品价值。蓟马还可传播病毒，传毒为害的损失远超直接为害。蓟马连年发生，繁殖性强，在土壤和基质中化蛹和越冬，连年危害加重。

（2）防控方法

1）清洁田园。及时清理田间老叶残枝及周围杂草，拔除可能的宿主植物，并集中烧毁或深埋处理。田间保持干净整洁，避免给其提供越冬场所。

2）色板诱杀。不同种类的蓟马有趋蓝色或黄色习性，田间悬挂蓝板和黄板可诱杀成虫，悬挂高度与植株高度持平，在通风口也可悬挂防虫网阻隔。

3）天敌防控。释放捕食螨可防治蓟马，捕食性蝽也可捕杀草莓蓟马。

4）化学药剂防治。可选用乙基多杀菌素、阿维菌素和啶虫脒等杀虫剂，避免使用单一杀虫剂，减缓产生抗药性。

学习单元 4

农药选用

一、农药的定义与分类

1. 农药的定义

广义的农药是指用于预防、消灭或者控制危害农业、林业的病、虫、草和其他有害生物以及有目的地调节植物、昆虫生长的化学合成或者来源于生物、其他天然物质的一种物质或者几种物质的混合物及其制剂。

狭义的农药是指在农业生产中，为保障、促进植物和农作物的成长，所施用的杀虫、杀菌、杀灭有害动物（或杂草）的一类药物统称。

2. 农药的分类

根据防控对象，农药可分为杀虫剂、杀菌剂、杀螨剂、杀线虫剂、杀鼠剂、除草剂、脱叶剂、植物生长调节剂等。杀虫剂灭杀害虫通常有触杀、胃毒、熏蒸和内吸四种作用方式。

农药有液体、固体和气体三种形态。

二、农药的剂型

剂型是制剂的形态。未经过加工的农药一般称为原药，不能直接使用，必须经过加工配制，形成各种类型的制剂再行使用。商品农药一般是以某种剂型的形式销售到种养殖户。我国使用最多的剂型主要是粉剂、可湿性粉剂、乳油、悬浮剂、粒剂、水剂、毒饵、母液、母粉等。农药有“三证”，分别是农药登记证、农药生产许可证和农药产品标准证。

1. 粉剂（D）

粉剂是农药制剂中产量最多、应用最广泛的一种剂型，容易制造和使用，其用原药和惰性填料按一定比例混合、粉碎，使粉粒细度达到一定标准。喷粉宜在早、晚作物叶面较湿或有露水时进行，因为粉粒在作物表面上的沉积主要靠附着作用或静电吸附作用，附着力很小，在有水膜的作物表面上，粉粒的黏附能力得到改善，可提高防控效果。

2. 可湿性粉剂（WP）

可湿性粉剂是在粉剂的基础上发展起来的一种剂型，其性能优于粉剂。使用时加水配成稳定的悬浮液，使用喷雾器进行喷雾。喷在植物上的黏附性好，药效也比同种原药的粉剂好。可湿性粉剂如果加工质量差、粒度粗、助剂性能不良，容易引起产品黏结，不易在水中分散悬浮，或堵塞喷头、在喷雾器中产生沉淀等现象，造成喷洒不匀，易使植物局部产生药害。特别是经过长期储存的可湿性粉剂，其悬浮率和湿润性会下降。

3. 乳油（EC）

乳油是用量较大的一种剂型，是将农药原药按比例溶解在有机溶剂中，再加入一定量的农药专用乳化剂配制成透明均相液体。有效成分含量高，一般在 40%～50%。乳油使用方便，加水稀释成一定比例的乳状液即可使用。乳油中含有乳化剂，有利于雾滴在农作物、虫体和病菌上黏附与展着。施药且沉积效果较好，持效期较长，药效好。

4. 悬浮剂（SC）

悬浮剂又称胶悬剂，是将固体农药原药分散于水中的制剂，它兼有乳油和可湿性粉剂的一些特点，没有有机溶剂产生的易燃性和药害问题；悬浮剂有效成分粒子很细，一般粒径为 1～5 μm，黏附于植物表面，比较牢固，耐雨水冲刷，药效较高；适用于各种喷洒方式，也可用于超低容量喷雾，在水中具有良好的分散性和悬浮性。加工生产时没有粉尘飞扬，对操作者安全，不影响环境。

相关链接

标签识别

在农药标签的下方，有一条与底边平行的、不褪色的颜色标志带。不同的颜色代表农药所属的类别：绿色表示除草剂，红色表示杀虫剂，黑色表示杀菌剂，深黄色表示植物生长调节剂，蓝色表示杀鼠剂（卫生杀虫剂除外）。农药包装容器必须有合格证、说明书。液体农药制剂一般每箱净重不得超过 15 kg，固体农药制剂每袋净重不得超过 25 kg。农药毒性一般分为 5 个级别，毒性标志是黑色，描述文字是红色。

三、农药的使用

1. 必要时用药

一般情况下，除了一些外来入侵的检疫性病虫害外，少量发生病虫害对作物生产不仅不会造成经济损失，而且常常有利于保持生物多样性。为了避免不必要的农药使用，对大多数害虫可以根据“经济阈值”决定是否用药。杀菌剂一般在发病之前或发病初期施用，要根据病害的严重程度、当地的历年经验或发病条件进行分析决定是否施用及施用量。购买和使用农药时，应该选择高效、低毒、低残留的农药。

2. 适时用药

农药在不同时间使用对病虫害的防控效果及对其周围环境的影响有明显的差异。选择最适宜的用药时间，对于提高防控效果、减少诸多不利影响是非常重要的。杀虫剂对害虫的作用有毒杀、驱避、拒食、引诱、干扰生长发育等，毒杀作用的方式有胃毒、触杀、熏蒸等。

通常情况下，毒杀作用的杀虫剂作用于幼虫的初龄期最为有效，性引诱剂作用于性成熟的成虫，拒食作用的杀虫剂作用于害虫的主要取食阶段，驱避作用的杀虫剂作用于害虫的主要取食和产卵期。

杀菌剂对病害的防控有保护作用和治疗作用，大多数的杀菌剂都以保护作用为主，只有在病菌侵入作物组织之前施药才会起到良好的防控效果。因此，杀菌剂一般要在发病初期或将要发病时施用。

3. 对症用药

农药品种很多，各种药剂的理化性质、生物活性、防控对象等各不相同，某种农药只对某些甚至某种对象有效，对其他病害无效。当一种防控对象有多种农药可供选择时，应选择对主要防控对象效果好、对人畜和环境生物毒性低、对作物安全和经济上可以接受的品种。按照《农药产品标签通则》（GB 20813）规定，要选择在标签上标注为微毒或低毒的农药，确有需要时，可包括少量中毒农药，绝对不能使用剧毒和高毒农药。优先考虑在我国登记用于作物或相近作物上已登记的农药品种，通常应在农药合理使用准则和农药登记资料规定的使用范围内，根据当地的使用经验选择，任何农药产品都不得超出农药登记批准的使用范围使用。针对主要防控对象，选择防控效果好的农药，避免因防控效果差而导致乱用和滥用现象；还要避免多残留，优先选择单剂产品防控，以免出现残留现象和复配剂重复用药问题。注意在不同生长季节交替轮换选用不同作用机理的农药，进一步降低病虫抗药性、食品安全、生态环境等方面的风险。

4. 恰当方法用药

在大棚中施用农药时，应保证喷幅适中，喷雾量均匀。喷施农药时应根据防治病虫害种类选择植株喷雾的重点部位。农药的施用方法应根据病虫害的危害方式、发生部位和农药的特性来选择。例如，对通过作物地上部表面传播的病虫害，一般可采用喷雾、喷粉的方法；对通过土壤传播的病虫害，可采用土壤处理的方法；对通过种苗传播的病虫害，可采用种苗处理的方法。

5. 适量用药

农药要控制一定的用量（或浓度）才会有比较好的效果，并不是用量越大越好。首先，达到一定用量后，再增加用量，不会再明显提高防控效果；其次，留有少量的害虫对天敌种群的繁衍有利；再次，绝大多数杀虫剂对害虫天敌有一定杀伤力，浓度越高，杀伤力越大；最后，农药用量增加必然会增加农产品中的农药残留量。同一种农药，其适宜用量因不同的防控对象而有不同，如矿物油防控柑橘红蜘蛛用 200 倍液即可达到很好的效果，而防控介壳虫要用 100 ~ 150 倍液。对同一个防控对象，在不同的季节或不同的发育阶段，农药的适宜用量也可能不同。通常应在农药合理使用准则和农药登记资料规定的用量（或浓度）范围内，根据当地的使用经验掌握适当用量。

6. 控制安全间隔期

应根据《农药合理使用准则（七）》（GB/T 8321.7）和该农药品种登记时规定的使

用规范控制农药的使用次数和安全间隔期，尽量不要连续多次使用同一种农药。

四、农药的配制

农药的配制虽然不难，但容易出差错，经常由于粗心或操作不当出现一些问题，一旦不能妥善解决，极易造成损失。

1. 农药的配制方法

（1）量取。先确定施药面积，根据农药标签推荐的农药使用剂量或植保技术人员的推荐，计算好用药量和水量，再进行量取。准确量取农药，量具要从专门的仪器店购买，量取工具有烧杯、量筒、天平、称量纸、滴管等。量取农药时要注意在避风处操作，在使用后所有称量器具都要彻底清洗，冲洗后的废液应远离居所、水源地，妥善处理和保存量取农药的器皿，不得作其他用途。

（2）配制。选择在远离水源、居所、畜牧栏等场所，现用现配，不能久置不用，短时存放应密封并安排专人保管，应根据不同的施药方法和防控对象、作物种类和生长时期确定施药液量。选择没有杂质的清水配制农药，不能用配制农药的器具直接取水，药液不应超过额定容量。应根据农药剂型，按照农药标签推荐的方法配制农药。

在配制胶悬剂或悬浮剂农药时，应先用农药与水（1∶1）或加入成倍于农药量的水混合配制成母液，然后将母液加入药械中，再加水配制成符合浓度要求的药液进行喷雾。若直接稀释，会因密度大先沉入水中，没有来得及完全稀释而在药箱里产生浓度梯度，导致喷雾前期稀，没有效果；后期浓，产生药害。可湿性粉剂可能会在与水接触时产生水包粉的情况，粉球无法溶解，造成浓度稀，后期完全溶解时浓度高，形成前后浓度不等的情况。

2. 农药配制的计算方法

（1）用量计算方法

所需药剂用量 × 所需药剂浓度 = 稀释液用量 × 稀释液浓度

（2）稀释倍数计算方法

稀释剂用量 = 原药剂用量 × 稀释倍数

或

原药剂用量 = 稀释剂用量 ÷ 稀释倍数

以背负式喷雾机为例，水为 15 kg，即 15 000 mL，不同稀释倍数的原药剂用量如下。

稀释倍数为 600 倍，农药使用量为 25 mL。

稀释倍数为 800 倍，农药使用量为 18.75 mL。

稀释倍数为 1 000 倍，农药使用量为 15 mL。

稀释倍数为 1 500 倍，农药使用量为 10 mL。

稀释倍数为 2 000 倍，农药使用量为 7.5 mL。

稀释倍数为 2 500 倍，农药使用量为 6 mL。

3. 农药的混配

在病虫害防控中，单剂使用逐渐减少，为增加防控效果达到兼治的效果，农药的混用得到推广。农药的合理混用，可以提高防控效果，延缓害虫产生抗药性，减少用药量。防控不同害虫的农药混用还可以减少施药次数，从而降低劳动成本。

（1）农药混合的不同作用

1）相似的联合作用。两种药剂的作用机理相同，但两者互不发生影响，作用可以相加或互相替代。

2）独立的联合作用。两种药剂分别独立作用于机体的不同部位，作用机制互不相同。

3）增效作用。两种药剂混用时产生的效果超过各自单独施药时效果的总和。

4）拮抗作用。两种药剂混用时产生的效果低于各自单独使用时效果的总和。

（2）混用次序。农药混配顺序要准确。叶面肥与农药等混配的顺序为：微肥、水溶肥、可湿性粉剂、水分散粒剂、悬浮剂、微乳剂、水乳剂、水剂、乳油，依次加入，先加水后加药。进行二次稀释混配时，建议先在喷雾器中加入大半桶水，加入第一种农药后混匀，然后将剩下的农药用一个塑料瓶先进行稀释，稀释后倒入喷雾器中，混匀，依次操作。

混配药剂应该注意“现配现用、不宜久放”。药液混配初期没有相互间不良反应，但不代表可以随意久置，否则容易产生缓慢反应，使药效逐步降低。

（3）混用方式

1）不同毒杀机制的农药混用。作用机制不同的农药混用，可以提高防控效果，延缓害虫产生抗药性。

2）不同毒杀作用的农药混用。杀虫剂有触杀、胃毒、熏蒸、内吸等作用方式，杀菌剂有保护、治疗、内吸等作用方式，如果将这些具有不同防控作用的药剂混用，可以互相补充，会产生很好的防控效果。一般情况下，多种杀虫剂不可混用。

3）作用于不同虫态的杀虫剂混用。作用于不同虫态的杀虫剂混用，可以杀灭田间的各种虫态的害虫，杀虫彻底，从而提高防控效果。

4）具有不同时效的农药混用。农药有的速效性防控效果好，但持效期短；有的速效性防控效果虽差，但作用时间长。这样的农药混用，不但施药后防控效果好，而且可起到长期防控的作用。

5）与增效剂混用。增效剂对害虫虽无直接毒杀作用，但与农药混用却能提高防控效果。

6）作用于不同病虫害的农药混用。多种病虫害同时发生时，采用该种方法，可以减少喷药的次数，减少工作时间，从而提高效率。

（4）混用注意事项

1）不改变物理性状。混合后不能出现浮油、絮结、沉淀或变色，也不能出现发热、产生气泡等现象。如果同为粉剂、颗粒剂、熏蒸剂、烟雾剂，一般可混用；不同剂型之间，如可湿性粉剂、乳油、浓乳剂、胶悬剂、水溶剂等以水为介质的液剂则不宜任意混用。

2）不引起化学变化

①具有交互抗性的农药不宜混用。例如，杀菌剂多菌灵、甲基托布津具有交互抗性，混用不但不能起到延缓病菌产生抗药性的作用，反而会加速抗药性的产生，所以不能混用。

②生物农药不能与杀菌剂混用。许多农药杀菌剂对生物菌具有杀伤力，因此微生物农药与杀菌剂不可以混用。

（5）混配不当的危害及应对

1）混配顺序不当。很多种植户在简单了解到农药可以混配后，就盲目把所有产品混到一起，导致混配不均匀，甚至发生相互反应，产生药害。农药的剂型不同，溶解性也不同，混配的顺序也是不同的。

2）不注意二次稀释。很多种植户为了省事，会选择把农药直接一次性倒入药桶，不注意二次稀释，导致药液不均匀，产生药害。不论是叶面肥还是农药，溶解度是不同的，合理的方法是先在喷雾设备中加入大半桶水，然后稀释农药，加入药桶，同时注意搅拌。

3）多种产品混配。很多种植户为了减少工作量，叶面肥、杀菌剂、杀虫剂同时混用。一般情况下，对于可以混配的产品，不同剂型的产品最多三种混配。如果混配的产品过多，容易发生复杂反应，发生药害。同时需要注意的是，两种农药的混合使用不能等同于复配好的农药。

发现药害后，需要及时在叶面大量喷施清水，冲洗掉残留的药液，减轻危害。对于叶面产生的药害，或者药害引起的黄化等问题，可以增施肥料，来促进作物的根系发育，增强作物恢复能力。受害后需要中耕松土，增强作物自身恢复能力；需要拔除病叶病株，减少病菌侵染。

对于农药的混配使用，一定要注意：在不能确定是否可以混配的情况下，尽量不要混配，或者先少量试验，如果发生反应或者出现分层等现象，就不能进行混配。

五、农药的储存

1. 储存条件

（1）实行密封。部分农药对人畜有毒，甚至有些农药对人畜剧毒。易挥发失效、造成空气污染的农药，一定要把瓶盖拧紧，实行密封，开口的袋装农药储存时应压实，挤出袋中空气，再用细线扎紧袋口。

（2）保持温度。大多数粉剂农药在高温情况下，其质量容易受影响。温度越高，农药越容易融化、分解、挥发，甚至燃烧、爆炸。

（3）保持避光干燥。粉剂农药和植物调节剂很容易吸潮结块，储存场所应当保持干燥，严防漏雨、飘雪。要留有窗户，以便通风换气，保持相对湿度在75%以下。

2. 储存注意事项

（1）分类存放，防止事故。农药可分为碱性、酸性和中性3种类型。不同性质的农药，在储存保管时要隔开存放，距离保持在0.5 m以上，否则易使农药相互影响导致变质失效。

凡是农药都有不同程度的毒性，在保管时最好是放在专柜或木箱中，并要加锁。农药不能与粮油、豆类、种子、蔬菜等同室存放；乳油和烟熏剂农药不能和火柴、机油、鞭炮等易燃易爆物品放在一起，更不能存放在人、畜、禽附近，特别要防止小孩接触，以免发生中毒事故。

（2）对已失效或包装破损农药的处理。农药的存放过程实际上也是一个分解失效的过程，因此农药最好现买现用，少量用不完的农药也应尽量避免存放太久。在存放剩余农药前要仔细阅读使用说明书，将已失效的农药采取深埋处理，切不可乱丢乱放。保存好农药的标签及使用说明书，对已破损的瓶、袋等包装要及时更换。可湿性粉剂农药要注意密封，以防吸湿后结块失效。对标签已遗失或模糊不清的农药，必须重新用纸写明品名、用法、用量、有效期限、使用范围等，贴于瓶上或袋子上以备正确使用。

六、绿色防控农药的选择

病虫害绿色防控是促进标准化生产、提升农产品质量安全水平的必然要求，是降低农药使用风险、保护生态环境的有效途径。

市场上的农药品种繁多，质量参差不齐，防控对象也有很大差异。草莓病虫害绿色防控农药的选择要求如下。

1. 严禁选用国家禁止生产使用、限制的农药，不得选择剧毒、高毒农药用于草莓生产。

2. 按照登记在草莓上的农药防控对象，安全使用间隔期选择农药。

3. 施药前应调查病虫害发生情况，对不能识别和不能确定的，应查阅相关资料或咨询有关专家，明确防控对象并获得指导性防控意见后，根据防控对象选择合适的农药品种。

4. 病虫害单一发生时，应选择对防控对象专一性强的农药品种；病虫害混合发生时，应选择对防控对象有效的农药。

5. 在一个防控季应选择不同作用机理的农药品种交替使用。

6. 选择对处理作物及后茬作物安全、对天敌和其他有益生物安全和对生态环境安全的农药品种。

七、绿色防控农药的施用

1. 确定施用时间

不同用药时间影响草莓病虫害的防控效果。一般来讲，使用绿色防控农药之前要根据病虫害的发育期、草莓的生长状况和施用农药特性，对用药时间进行确定，过早或过晚使用绿色防控农药都不能达到预期的防治效果，最好不要错过防治病虫害的最佳时期，否则病虫害将难以被控制。

在防治病虫害过程中，首先考虑在病虫害发病初期或发病之前开始使用绿色防控农药，同时应尽可能避开天敌，防止误杀各种虫害的天敌。此外，使用绿色防控农药前要观察天气情况，选择晴天早晨或者傍晚用药，避免在晴热高温的中午、风雨交加天气用药。

2. 确定施用量

绿色防控农药的施用量影响病虫害的防控效果，施用量过高或者过低均会对草莓正常生长产生影响。绿色防控农药施用量过多会残留造成药害，施用量不足达不到预期效果会造成人工、药品浪费，从而影响草莓生长。任何绿色防控农药都应按照说明书对具体的用量进行控制，也要根据不同病虫害的发生发展规律、草莓生育期和用药方法对具体的用药量进行控制，以达到较好的防治效果为目的。确定施用量后，在用药过程中不能够随意增加或减少施用量，更不能随意增加或者减少施用次数。

3. 确定施用方法

在草莓栽培过程中，最常用的施用方式是喷雾，具有操作简单、便捷等优点，但也存在功效单一、药液不均、劳动力成本高等缺点。因此，在草莓病虫害防治过程中，需要对绿色防控农药的施用方式进行拓展，在传统喷雾的基础上进行改进，增加低量喷雾、多用途喷头喷雾、喷粉、隐蔽用药等方式。例如，隐蔽用药是在定植之前对生产苗浸根；在定植之后的生长期内，使用绿色防控农药灌根；在棚内湿度较大时选用粉尘施药法、烟雾施药法，均可对草莓病虫害进行有效防治。

4. 确定施用技术

根据草莓病虫害所选绿色防控农药的剂型，如粉剂、乳剂、颗粒剂、气雾剂等，选用相应的施用方法，如喷雾、喷粉、熏蒸、灌根等。根据草莓病虫害所选绿色防控农药的种类，如杀菌剂、杀虫剂等，选用相应的施药机械，如杀菌剂选择雾滴较小的喷头，杀虫剂可选稍大的喷头，选用合适的施药机械能够提高效率，损耗小且效果好。

低量喷雾技术多被应用于温室与密闭的生产环境，有小型手持式低量与超低量喷雾器两种类型。具体是指在单位面积上施用农药的总量不变，减少农药原液的稀释倍数，由此调控农药的喷雾量。优点是小雾滴，穿透性强，能够分布到植株的不同位置，使农药在植株正、背面均能均匀到位。

为解决喷雾期间农药飘移问题，多种类型的防飘移喷头应运而生。例如，气滴喷头的雾滴，特点是气泡体积大、速度快，抗飘移性好，在触碰植株后，即刻破碎成体积较小的雾滴，有效提升农药的覆盖率。

学习单元 5

草莓的标准化生产管理体系

当前草莓生产在栽培面积日益扩大、产量不断提高的同时，也存在重产量轻品质、连作障碍严重、农药不合理使用、化肥过量、面源污染等问题，不仅影响草莓的经济收益，还对消费者健康构成威胁，进而削弱了草莓在水果市场的竞争力。为着力改善以上问题，进一步提高草莓品质和商品价值，促进草莓产业健康可持续发展，急需建立草莓的标准化生产管理体系，在稳产的前提下，提高草莓质量和安全品质，减少草莓的果实农残污染和面源污染，让消费者吃上真正放心的草莓。

一、生产管理系统简介

1. 种植业生产管理系统

种植业生产管理系统是各蔬果种植户记录日常农事操作和田间档案的工具，用于记录日常的种子、农药和肥料的进出库情况，也可以用于记录日常的种植、施肥、除虫、浇水以及采收销售情况。其主要具有种植计划、种植任务、农作物溯源、环境监测、种植报表等功能，通常按照大棚来划分地块。

2. 神农口袋

神农口袋是一款针对农场管理、可多人协作的服务软件，可一站式管理地块、种植品种、生产任务、农资用量、采收记录、客户、订单和库存，并提供农产品溯源服务支持。

生产管理模块包括地块信息可视化管理，种植品种、采收时间、预计产量数字化管理，生产任务、农资投放、采收，完整记录可追溯。可视农场模块包括卫星图方式展示每个地块的分布以及当前种植品种，摄像头、传感器、气象站的部署位置和监测数据，可实时查看。一物一码食品溯源模块包括可供消费者查看的农产品采摘时间、种植地块、检测报告、农事操作和农场介绍；物联网监测 + 遥感影像 + 公信检测，多维度追溯；生产过程的溯源数据来源于农场每天的农事任务管理，可追溯信息的丰富程度取决于农场管理的精细化程度；每一个溯源码都有其独有的编号，作为农产品的身份证实现了一物一码。物联网监测模块包括可监测农场土壤、水质、气象的各项指标，如土壤温湿度、土壤氮磷钾离子含量、重金属离子含量等；可通过计算机或手机软件查看农场实时监控视频，还可对摄像头进行旋转和缩放控制。农场秀模块包括农场微官网，可作为农场名片，吸引更多目标消费群体的关注，有效提升农场品牌形象，助力农产品品牌化。

二、产品质量追溯体系简介

1. 产品质量追溯体系

质量追溯体系的建设能够实现逆向的质量可追溯，可使身处产业链后端的责任主体甚至是消费者，获得产业链前端的有关产品质量保证的相关信息。产品质量追溯体系能够连接产品、产地、检验、监管和消费各个环节，让消费者了解符合质量的生产和流通过程。一旦发现问题，能够根据溯源进行有效控制和召回，从源头上保障消费者的合法权益。质量追溯体系的建设可提高品牌形象与产品品质。消费者买到一个产品，通过扫描二维码查看企业产品的详细信息，一定程度上提高了产品的品质与品牌形象。产品质量追溯体系简单地说就是产品从原辅料采购环节、产品生产环节、仓储环节、销售环节和服务环节的周期管理，也就是说根据产品的合格证或者标签能找到这个产品生产的批次、数量、质量以及物料的来源质量保证。

2. 上海市农产品质量追溯体系建设

上海市人民政府按照《国务院办公厅关于加快推进重要产品追溯体系建设的意见》（国办发〔2015〕95 号）精神，制定了《上海市食品安全信息追溯管理办法》（沪府令 33 号），着力加强上海市食品安全信息追溯管理，为推动食用农产品质量追溯体系建设提供了法律依据。全市各级农业部门在强化农业纸质档案管理的基础上，稳步推进农业档案电子化管理，逐步构建全程追溯体系。通过应用上海种植业生产管理信息系统、神农口袋和国家农产品质量安全追溯管理信息平台等系统，实现规模化蔬菜园艺场、农民专业合作社、家庭农场、种养殖大户等生产主体的农业档案电子化管理，对农产品生产过程信息进行实时记录，并与加工、出库、运输、销售等环节数据相关联。

上海市出台了地方标准《食品和食用农产品信息追溯》(DB31/T 1110)，统一了食品和食用农产品信息追溯的数据元、编码规则、数据接口、标识物等内容，使全市追溯工作标准化，实现农产品生产信息向市食品安全追溯平台信息自动上传，使地产农产品进一步做到生产档案可查询、流向可追踪、产品可召回、责任可界定。围绕长三角主要农产品，配合建立长三角食品追溯编码规则、数据接口等标准，推进食用农产品合格证制度的协同实施，依托合格证提升食用农产品追溯工作效果。

三、无公害、绿色、有机草莓简介

1. 无公害草莓

无公害草莓是指按照相应生产技术标准生产，符合通用卫生标准并经有关部门认定的安全草莓。无公害草莓的有害物质，如农药残留、重金属、化肥残留、亚硝酸盐等的含量，应控制在国家规定的允许范围内，食用后对人体健康不造成危害。

2. 绿色草莓

绿色草莓是指具有绿色认证的草莓。在生态环境质量符合农业生产规定标准的产地，在实际生产过程中，允许限量使用限定的化学合成物质，按特定的生产操作规程生产、加工，产品质量及包装经检测、检查符合特定标准，并经专门机构认定，许可使用绿色食品标志。

3. 有机草莓

有机草莓是指完全按照有机农业生产标准，在实际生产过程中，不使用基因工程获得的生物及其产物，不使用化学合成的农药、化肥，不使用激素生长调节剂等物质，遵循草莓自然生长规律，采用一整套农业技术生产的草莓。有机草莓果形端正，色泽艳丽，果肉回味清新、营养丰富、鲜甜多汁。

有机草莓、绿色草莓和无公害草莓的区别主要是种植有机草莓完全不使用化学合成的肥料、农药、生长调节剂(如激素等)、转基因技术等，产地要求远离工业区、城市生活区、交通主干道，生产过程完全遵守有机草莓生产技术规程。因此，有机草莓的食用安全性最高。

技能要求

配制液态类农药制剂

操作准备

1. 穿好防护衣，戴上手套和口罩。

2. 喷雾器 1 台，水桶 1 个，滴管 1 个，1 000 mL 烧杯 1 个，10 mL、20 mL、50 mL 量筒各 1 个，玻璃棒 2 个，农药 1 袋（或瓶）。

操作步骤

步骤 1 计算原液量

计算配制所需农药原液量。

步骤 2 量取原液

按剂量选用不同规格量筒，一般量筒的容积是原液量的 3 倍。量取时双目平视凹液面，刻度达到所需即可，细小药液补充用滴管完成。

步骤 3 稀释原液

将量筒量取的原液倒入 1 L 烧杯，加水定容至 800 mL，用玻璃棒搅拌均匀。

步骤 4 清洗喷雾器并试喷

在喷雾器中加入适量清水试喷，检查喷雾器使用是否正常，电量是否足够，看有无水滴流出，同时清洗喷雾器，将水全部倒出。

步骤 5 加水、加药混合

在喷雾器中加入约 1 L 水，将 800 mL 药液倒入喷雾器中，清洗烧杯残液也倒入喷雾器，继续加水定容至 15 L，准备棚内喷雾。

步骤 6 归置配制工具

清洗并整理工具，如量筒、烧杯、玻璃棒等。

步骤 7 处理残液

将喷雾器中的农药集中倒至水桶中，统一处理，将喷雾器清洗干净。

注意事项

1. 使用二次稀释法稀释原液。

2. 搅拌规范、熟练，药剂搅拌充分。

配制固态类农药制剂

操作准备

1. 穿好防护衣，戴上手套和口罩。

2. 喷雾器 1 台，水桶 1 个，物理天平 1 台，镊子 1 把，称量纸若干，500 mL 塑料烧杯 1 个，玻璃棒 2 个，农药 1 袋（或瓶）。

操作步骤

步骤 1 计算农药原固态量和水量

计算配制所需农药原固态量和水量。

步骤 2 量取原固态农药

按剂量使用物理天平称量，先将农药少量倒在称量纸上，用镊子调节取用量，称量时关闭窗户，精确到 0.01 g。

步骤 3 稀释原液

将天平量取的原固态农药倒入 500 mL 烧杯，加水定容到 400 mL，用玻璃棒搅拌均匀。

步骤 4 清洗喷雾器并试喷

在喷雾器中加入适量清水试喷，检查喷雾器使用是否正常，电量是否足够，看有无水滴流出，同时清洗喷雾器，将水全部倒出。

步骤 5 加水、加药混合

喷雾器加入约 1 L 水，将 400 mL 药液倒入喷雾器中，清洗烧杯残液也倒入喷雾器，继续加水定容至 15 L，准备棚内喷雾。

步骤 6 归置配制工具

清洗并整理工具，如烧杯、玻璃棒等。

步骤 7 处理残液

将喷雾器中的农药集中倒至水桶中，统一处理，将喷雾器清洗干净。

注意事项

1. 称量时天平（移液管）操作规范、熟练，读数正确。

2. 搅拌规范、熟练，药剂搅拌充分。

使用弥雾机

操作准备

1. 穿好防护衣，戴上手套和口罩。

2. 弥雾机 1 套，润滑油、农药适量。

操作步骤

步骤 1 整机检查

作业前检查各部件是否紧固，是否有漏水现象，向各润滑处加注润滑油。

步骤 2 整机调整

作业前先要用清水试喷，调整喷雾宽幅和作业面积，确认无渗漏且一切工作正常后，方可开始作业。

步骤 3 计算农药量

计算配制所需农药量。

步骤 4 药液加注

加药液时不要过满，以不溢出为宜，加药液后一定要盖紧药箱盖。

步骤 5 作业实施

行走速度以每分钟 30 m 左右为宜，喷管应水平稍向下倾斜，无风时左右摆动角度在 90° ~ 100°，摆动次数以走 1 步将喷管摆动 1 次为宜，保证药液均匀喷洒。

喷雾时，喷管口应与作物保持 30 ~ 40 cm 的距离。不在中午高温天气条件下作业，以免药液挥发，影响药效。

步骤 6 作业结束整理

每次喷雾结束后，应立即关闭喷雾开关，以免部分植株过量受药而发生药害。作业结束后，统一入场入库、维修和保管。

注意事项

1. 避免机器强烈碰撞。

2. 药箱是压力容器，一定要盖紧药箱盖。如果盖不严，机器将无法喷雾。

3. 使用完毕必须把药箱内的残液全部清理干净并晾干。

燃放烟雾剂

操作准备

1. 穿好防护衣，戴上手套和口罩。

2. 烟雾剂适量，打火机 1 个。

操作步骤

步骤 1 确认棚内封闭性

仔细检查整个棚内的封闭情况，修补棚膜漏洞和缝隙，封闭通风口，尽量做到整个棚内密封不透气。

步骤 2 计算烟雾剂用量

根据棚内空间的大小、烟雾剂有效成分含量和草莓不同生育期合理确定用药量。作物生长前期，由于幼苗柔嫩，抗药性差，易发生药害，用药量应酌情减少。一般棚内每次用药量为 0.2 ~ 0.3 g/m^3，病虫害严重的棚内可增至 0.4 g/m^3。

步骤 3 放置烟雾剂

药剂不要靠近作物，避免燃放时发生药害。因棚内土壤湿度大，要将药剂放在干燥的铁片上，一般每亩设 3 ~ 5 个燃放点。

步骤 4 燃放烟雾剂

由里向外依次用暗火点燃，全部点燃后迅速离开现场，封闭棚内 6 ~ 8 h。重复使用效果好，间隔 5 ~ 7 天熏 1 次，连熏 2 ~ 3 次。

步骤 5 通风换气

烟雾剂使用结束后，打开大棚通风 2 ~ 3 h，才能进入棚内查看情况。

注意事项

1. 严格控制烟雾剂使用量。每一种烟雾剂都有特定的使用对象和范围，超出范围则可能产生药害。

2. 合理掌握烟雾剂使用时间，及时通风换气，烟雾剂熏药时间不能过长。

释放捕食螨

操作准备

1. 穿好防护衣，戴上手套和口罩。

2. 清除老病残叶、匍匐茎，摘除成熟果实。

操作步骤

步骤 1 确定用量

计算所需捕食螨规格及使用量。

步骤 2 试手

用 1 瓶试手，计算可以释放的垄数或株数，根据总垄数或株数调整用量。

步骤 3 点施

每株选 1 张较大、平展的叶子，虫子含麦皮点施于叶面。当草莓已经封行，可以撒施。

步骤 4 整理捕食螨瓶

点施完毕后，把瓶子收集起来，集中处理。

注意事项

1. 盖地膜后释放，释放捕食螨前，如果已使用杀虫剂农药，务必保证足够的间隔期，确保捕食螨在草莓上存活并起作用。

2. 捕食螨适用于每叶红蜘蛛成螨、若螨基数较少的大棚。每株释放 1 片叶，已经明显发生红蜘蛛的草莓，每株必须释放 3 片叶。

3. 到货后 5 天内用完，未用完的打开瓶盖放置在大棚内，避免阳光直射。

4. 释放后 3 天内不得进行任何叶面喷雾措施。

5. 每 30 天释放 1 次，直到草莓生产结束前 1 ~ 2 个月。

测试题

一、判断题（将判断结果填入括号中。正确的填“√”，错误的填“×”）

1. 铺设防虫网属于物理防控措施。（ ）

2. 叶螨易产生于高温潮湿条件下。（ ）

3. 草莓感染炭疽病后，新嫩叶片变灰绿色下垂，心叶矮化、叶脉变成黄褐色萎蔫，叶片逐渐枯死，维管束部分变褐色。（ ）

4. 防控草莓病虫害选用药剂时，应长期使用同一种，增加对病虫害防治的针对性。（ ）

5. 草莓缺素症属于侵染性病害。（ ）

6. 喷施农药时应保证单位面积喷药量均匀，喷施时行走速度一致。（ ）

7. 草莓叶片发病，叶缘向上卷起呈汤匙状、叶片上发生大小不等的粉状物，这是草莓白粉病发病的典型特征。（　　）

8. 农药包装上，毒性的标志应当为黄色，描述文字应当为红色。（　　）

二、单项选择题（选择一个正确的答案，将相应的字母填入题内的括号中）

1.（　　）不属于农业防控措施。

A. 选用脱毒种苗　　B. 铺设防虫网

C. 水旱轮作　　D. 选用抗病虫品种

2.（　　）不利于防控草莓病虫害。

A. 施氮肥使植株健壮　　B. 土壤处理

C. 水旱轮作　　D. 通风透光，降低湿度

3. 草莓茎叶病斑呈溃状、稍凹陷，随后病斑包围叶柄一周，病斑以上部分枯死，是（　　）的典型发病症状。

A. 草莓白粉病　　B. 草莓黄萎病

C. 草莓灰霉病　　D. 草莓炭疽病

4. 草莓炭疽病菌主要通过（　　）传播。

A. 气流　　B. 雨水

C. 土壤及种苗　　D. 害虫

5. 杀虫剂的作用方式有触杀、（　　）等。

A. 胃毒、真空、内吸　　B. 胃毒、熏蒸、内吸

C. 熏蒸、真空、内吸　　D. 胃毒、熏蒸、真空

6. 草莓叶片背面被啃食，只留下叶表皮，新叶背面产有卵块，通常是（　　）为害状。

A. 夜蛾　　B. 蓟马

C. 蚜虫　　D. 叶螨

7. 草莓栽培中，通过（　　）可以减少叶螨基数，降低防控难度。

A. 除去老叶、黄叶、病叶　　B. 增施氮肥

C. 保持干燥　　D. 提高棚温

8. 实现产品质量可追溯，使地产农产品进一步做到生产档案可查询、（　　）。

A. 流向可追踪　　B. 产品可召回

C. 责任可界定　　D. 以上都是

测试题参考答案

一、判断题

1. √　2. ×　3. ×　4. ×　5. ×　6. √　7. √　8. ×

二、单项选择题

1. B　2. A　3. D　4. C　5. B　6. A　7. A　8. D

理论知识考试模拟试卷及参考答案

草莓栽培理论知识考试模拟试卷

注意事项

1. 考试时间：60 min。
2. 请按要求在试卷的标封处填写您的姓名、准考证号和所在单位的名称。
3. 请仔细阅读各种题目的回答要求，在规定的位置填写您的答案。
4. 不要在试卷上乱写乱画，不要在标封区填写无关的内容。

一、判断题（第 1 ~ 35 题。将判断结果填入括号中。正确的填“√”，错误的填“×”。每题 1 分，满分 35 分）

1. 根据草莓的生长特性，花序的发生均在茎的弓背方向，即母苗根茎弯曲的凸面抽生匍匐茎。（　　）

2. 在草莓花芽分化前进行断根操作，通过抑制营养生长，子苗体内碳氮比降低，促进花芽分化。（　　）

3. 果实的光泽主要与表皮对光的反射以及果实中的含水量有关，施用钾肥过多也会使草莓的光泽变差。（　　）

4. 草莓的营养器官为根、茎、叶，生殖器官为花、果实、种子。（　　）

5. 生产上栽培的草莓是茎源根系浅根性植物，有直根和主侧根之分。（　　）

6. 多数草莓品种的匍匐茎在偶数节处萌发新叶，贴地一面形成不定根。（　　）

7. 当处于气温低于 10 ℃及长日照条件时，花芽停止分化，草莓植株进入休眠期。（　　）

8. 草莓的生长发育对环境条件也有一定要求，主要为温度、光照、水分、土壤和气体。（　　）

9. 选取健壮裸根种苗的标准通常为：植株完整、生长健壮、没有病虫害，新茎直径 1 cm 以上，叶柄较短粗，具有 5 ~ 7 片发育正常的叶片，根系发达。（　　）

10. 草莓同一花序浆果成熟的顺序和开花的顺序是一致的。（　　）

11. 健康草莓苗茎基部切面通常为褐色或黄色。（　　）

12. 高温闷棚是指利用器材进行加热产生高温，在密闭环境中将土壤中的致病因子

杀死。 (　　)

13. 高温闷棚时田间不能经常灌水，应保持土壤干燥。 (　　)

14. 植株是否缺水不完全取决于土壤是否湿润，要在清晨观察植株吐水情况。 (　　)

15. 上午是通风的最佳时间，其他时间段通风降湿要在确保温度的基础上进行。 (　　)

16. 基肥应选用纯氮肥，可以使植株健壮，有利于防控草莓病虫害。 (　　)

17. 花果期要适当增加钾肥和微量元素，可以选择高钾型水溶肥料。 (　　)

18. 施用微生物菌肥后，应及时翻耕盖土，避免高温对微生物的损伤。 (　　)

19. 以防除杂草为主要目的时，地膜推荐使用黑色膜。 (　　)

20. 施用二氧化碳气肥的浓度通常以接近二氧化碳饱和点浓度为宜。 (　　)

21. 确定保温时期对于草莓生产十分重要，保温过早不利于草莓花芽分化，保温过晚草莓苗易休眠。 (　　)

22. 冬季保温时可在棚内采用烧煤加温的方式，预防草莓冻害。 (　　)

23. 每茬果实采收后，应进行植株整理，降低养分消耗，改善通风透光条件，提高光合效率，促进后续花芽分化。 (　　)

24. 增加棚内湿度、降低夜间温度可以提高草莓果实的增色效果。 (　　)

25. 长距离运输时，为保证品质，应等到果实完全成熟再进行采收。 (　　)

26. 炭疽病是典型的高温高湿型真菌病害。 (　　)

27. 灰霉病菌多以菌丝体、分生孢子传播，一般会随病残体或菌核在土壤内越冬。 (　　)

28. 白粉病多在气温 15 ~ 25 ℃、湿度大时发病，低于 10 ℃和高于 35 ℃均不发病。 (　　)

29. 钙在草莓植株体内不易移动，钙含量在新叶中多、老叶中少，老叶缺钙表现最为明显。 (　　)

30. 草莓缺硼的表现是花小、授粉结实率低、果实畸形、种子多、落花落果等，果实品质变差，从而失去商品价值。 (　　)

31. 清除受冻的花果叶片，减轻植株负担，防止草莓植株早衰，可缓解草莓冻害。 (　　)

32. 斜纹夜蛾头部黑褐色，体色常为淡褐色、黑褐色或灰绿色，散生白色斑点，背面有三角形黑斑。 (　　)

33. 量取农药的称量器可选择在居所、水源附近冲洗。 (　　)

34. 生物农药不能与杀菌剂混用，农药杀菌剂对生物菌具有杀伤力。 (　　)

35. 在实际生产过程中，不使用基因工程获得的生物及其产物，不使用化学合成的农药、化肥，不使用激素生长调节剂等物质，遵循草莓自然生长规律生产的是绿色草莓。 （ ）

二、单项选择题（第1～65题。选择一个正确的答案，将相应的字母填入题内的括号中。每题1分，满分65分）

1. 前茬栽种（ ）的地块，不适宜栽种草莓。

A. 番茄　B. 水稻　C. 豆类作物　D. 瓜类作物

2. 草莓果实的红色色素来自（ ）。

A. 番茄红素　B. 花青苷　C. 类胡萝卜素　D. 红曲色素

3. 昼夜温差大，（ ）的产物积累多，呼吸作用消耗的养分少，能够形成果形较大、品质较好的果实。

A. 蒸腾作用　B. 吸收作用　C. 运输作用　D. 光合作用

4. 草莓是一种适应性比较强的（ ）植物。

A. 多年生草本　B. 一年生草本　C. 木本　D. 半灌木

5. 在黏质土中栽培草莓，需采取做窄畦、（ ）、排暗沟等措施，降低田块的地下水位。

A. 筑低垄、开浅沟　B. 筑高垄、开浅沟

C. 筑高垄、开深沟　D. 筑低垄、开深沟

6. （ ）是上海地区大棚的主栽品种，其父本和母本分别为幸香和章姬。

A. 红颜　B. 越秀　C. 圣诞红　D. 全明星

7. 生产苗起苗后应用药物浸根，可选择（ ）作为浸根药剂，控制定植后病原菌传播。

A. 福星　B. 腈菌唑　C. 井冈霉素　D. 凯润

8. 植物感染病毒时，越靠近植株茎顶端的区域，病毒的携带量越低，因此在生产上，草莓的组织培养通常采用（ ）培养的方式，获取脱毒苗。

A. 叶片　B. 茎尖　C. 花药　D. 原生质体

9. 在草莓一年的生长发育过程中，与季节性气候变化相吻合的时期称为（ ）。

A. 生长期　B. 休眠期　C. 生育期　D. 物候期

10. （ ）是由新茎上的腋芽当年萌发出的一种特殊的地上茎，平卧地面生长。

A. 根状茎　B. 匍匐茎　C. 花茎　D. 新茎

11. 草莓的花多为（ ）。

A. 总状花序　B. 单歧聚伞花序

C. 二歧聚伞花序　D. 轮伞花序

12.（　　）条件下最能促进草莓花芽分化。

A. 高温、长日照、减少氮素　　B. 低温、长日照、增加氮素

C. 低温、短日照、减少氮素　　D. 高温、短日照、增加氮素

13. 休眠时间在（　　）的品种为浅休眠品种。

A. 100 h 以下　　B. 100 ~ 200 h　　C. 200 ~ 400 h　　D. 400 h 以上

14. 在草莓育苗期，母株现蕾后要（　　），减少养分的消耗，使养分全部用于植株的营养生长。

A. 施肥促花开　　B. 进行断根操作

C. 摘除匍匐茎　　D. 摘除全部花蕾

15. 在草莓（　　）通常发生大量侧芽和匍匐茎。

A. 休眠期　　B. 开花期

C. 营养生长期　　D. 采收期

16. 若 9 月 5 日定植，则假植时间通常为（　　）。

A. 7 月 5 日—10 日　　B. 7 月 15 日—20 日

C. 8 月 5 日—10 日　　D. 8 月 15 日—20 日

17. 为控制种苗徒长，育苗后期可施用（　　）药剂矮化控苗。

A. 特福力　　B. 拿敌稳　　C. 艾绿士　　D. 施田补

18. 扦插子苗时，选择具有三叶一心、无根或已有少量初生根的幼苗，用剪刀（　　）。

A. 在子苗带匍匐茎 2 cm 处剪下

B. 贴着子苗不带匍匐茎剪下

C. 在子苗带匍匐茎 5 cm 处剪下

D. 修去叶子后，在子苗带匍匐茎 5 cm 处剪下

19. 大田育苗时，为保证匍匐茎生长，施肥应遵循（　　）的原则。

A. 薄肥勤施　　B. 厚肥勤施　　C. 薄肥少施　　D. 厚肥少施

20. 大田育苗在栽植的密度上，为保证每株苗有足够的营养面积和繁殖空间，母株种植密度建议为（　　）株 / 亩。

A. 300　　B. 900　　C. 1 500　　D. 2 100

21. 假植时，种苗栽植深度要求（　　）。

A. 上埋心，下露根　　B. 上不埋心，下露根

C. 上埋心，下不露根　　D. 上不埋心，下不露根

22. 定植前通常选用除草药剂（　　），喷施以防治杂草。

A. 特福力　　B. 拿敌稳　　C. 艾绿士　　D. 施田补

23. 生产苗定植时，(　　) 不会提高移栽成活率。

A. 裸根移栽　　B. 药物浸根　　C. 剥除老叶　　D. 遮阴覆盖

24. 假植育苗与大田育苗相比，具有 (　　) 的特点。

A. 减少植株带病带毒　　B. 根系增多，缓苗期缩短

C. 根系减少，缓苗期变长　　D. 休眠期短

25. 高温季节，草莓苗生长缓慢，要通过 (　　)，帮助草莓苗越夏。

A. 通风和透光　　B. 通风和遮阳

C. 施肥和用药　　D. 施用赤霉素

26. 在上海地区，草莓大棚膜通常采用 (　　)。

A. 不透明无滴膜　　B. 黑色聚氯乙烯膜

C. 银色聚氯乙烯膜　　D. 白色透明无滴膜

27. 产生连作障碍的主要原因是 (　　)。

A. 病虫害严重　　B. 土壤肥力低

C. 连年种植草莓　　D. 草莓品种单一

28. 夏季设施休闲时常使用 (　　)，利用 7—8 月盛夏高温灌水进行土壤消毒。

A. 太阳能 + 碳酸氢铵　　B. 秸秆 + 氢氧化钙

C. 秸秆 + 有机肥　　D. 太阳能 + 氰氨化钙

29. 土壤 (　　) 对棉隆的活性影响较小。

A. 质地　　B. 温度　　C. 微生物　　D. 湿度

30. 生产实践中建议多种不用类型土壤消毒剂 (　　) 使用，以达到更好的消毒效果。

A. 多次　　B. 混合　　C. 少量　　D. 轮换

31. 在高温环境下，秸秆和有机肥充分腐熟和熟化，增加了土壤有机质的含量和 (　　)，培肥土壤。

A. 盐分　　B. 团粒结构　　C. 水分　　D. 酸性

32. 闷棚前，为了增大土壤表面积以提高热吸收效率，畦面要覆盖农膜，土壤要保持 (　　)。

A. 湿润　　B. 干燥　　C. 紧实　　D. 松散

33. 闷棚时，为了增大土壤表面积以提高热吸收效率，地表要覆盖 (　　) 进行密封。

A. 黑色膜　　B. 透明薄膜　　C. 银灰薄膜　　D. 反光膜

34. 花芽分化期应 (　　)，可促进花芽分化，防止徒长。

A. 适量控水　　B. 保持灌水　　C. 长期淹水　　D. 停止浇水

35. 应用（　　）不利于降低棚内湿度。

A. 紧闭棚膜　　B. 稻草覆沟　　C. 精准滴灌　　D. 及时摘叶

36. 施用基肥应在（　　）进行。

A. 草莓定植后　　B. 草莓开花时　　C. 土壤翻耕前　　D. 土壤翻耕后

37. 使用追肥时应采取（　　）的原则。

A. 少量多次　　B. 足量多次　　C. 少量少次　　D. 足量少次

38. 草莓开花结果期需要较多的（　　）肥。

A. 氮　　B. 磷钾　　C. 钙　　D. 镁

39.（　　）施用二氧化碳气肥效果较好。

A. 夜晚 10 时至凌晨 2 时　　B. 凌晨 0 时至上午 6 时

C. 上午 9 时至下午 4 时　　D. 下午 4 时至凌晨 0 时

40. 覆盖（　　）要求绷紧、压牢、封严，有防除杂草和提高土温的作用。

A. 遮阳网　　B. 内膜　　C. 棚膜　　D. 地膜

41. 红颜等花芽分化开始期早、休眠浅的品种，其定植时间与覆盖棚膜通常间隔（　　）天左右。

A. 10　　B. 20　　C. 30　　D. 40

42. 施用（　　）可以抑制草莓匍匐茎的发生，抑制植株营养生长，促进生殖生长。

A. 多效唑　　B. 赤霉素　　C. 吲哚乙酸　　D. 乙烯

43. 大棚内放置蜂箱的时间最好选择在（　　）。

A. 凌晨　　B. 清晨　　C. 中午　　D. 夜晚

44. 草莓栽培时，通常在（　　），疏去晚弱花蕾。

A. 一级花开放前　　B. 一级花开放后

C. 二级花开放后　　D. 三级花开放后

45. 一天中，采收草莓时间最好在（　　）。

A. 早晨露水干透后至上午 9 时　　B. 上午 9 时—上午 12 时

C. 上午 12 时—下午 2 时　　D. 下午 2 时—下午 4 时

46.（　　）不是使用绿色防控技术防控草莓病虫害的目的。

A. 有效控制病虫害　　B. 确保草莓安全

C. 改良土壤　　D. 确保种植户增收

47. 在草莓农业防控技术中，（　　）是比较适合草莓生产的土壤类型。

A. 红壤土　　B. 沙壤土　　C. 盐碱土　　D. 高山土

48. 在绿色防控技术中，（　　）不是化学防控原则。

A. 预防为主　　B. 适时防控　　C. 生产必需　　D. 安全有效

49. 下列化学防控技术中，（　　）不是化学农药选择标准。

A. 高效　　B. 低毒　　C. 低残留　　D. 价格便宜

50. 在草莓侵染性病害中，（　　）不是草莓病害的侵染源。

A. 细菌　　B. 寒潮　　C. 真菌　　D. 线虫

51. （　　）不是草莓生理性病害的特点。

A. 有发病中心　　B. 没有明显的发病中心

C. 没有传染性　　D. 发病面积较大

52. （　　）是灰霉病发病的表现。

A. 病斑稍凹陷　　B. 根部自外向内褐变

C. 病斑包围叶柄一周　　D. 果实灰褐色坏死

53. 叶片黄化、幼叶失绿是草莓生理性病害（　　）的表现。

A. 缺钙　　B. 缺铁　　C. 冻害　　D. 缺硼

54. （　　）不是草莓冻害的表现。

A. 花蕊变黑　　B. 叶片萎蔫　　C. 叶片白化　　D. 幼果干枯僵死

55. 引起畸形的原因很多，（　　）不是其内在因素。

A. 栽培管理差　　B. 通风换气不及时

C. 花芽分化发育不良　　D. 雌雄器官发育不健全

56. 斜纹夜蛾以幼虫为害为主，（　　）不是其为害的表现。

A. 啃食叶肉形成窗纱状　　B. 叶背被啃食

C. 新叶背面产有卵块　　D. 植株萎缩矮化

57. 蚜虫是刺吸式口器，产生危害后草莓叶片有褪绿斑点、卷曲变形，是（　　）传播的主要媒介。

A. 病毒病　　B. 炭疽病　　C. 白粉病　　D. 根腐病

58. （　　）不属于农药“三证”。

A. 农药登记证　　B. 农药生产许可证

C. 农药合格证　　D. 农药产品标准证

59. 在农药标签的下方，有一条与底边平行的、不褪色的颜色标志带，红色代表的是（　　）。

A. 杀菌剂　　B. 杀虫剂　　C. 除草剂　　D. 植物生长调节剂

60. 不属于绿色防控农药配制注意事项的是（　　）。

A. 随意久置　　B. 现配现用　　C. 不宜久放　　D. 严格农药剂量

61. （　　）不是农药储存的条件。

A. 混装存放　　　　B. 实行密封　　　　C. 保持温度　　　　D. 保持避光干燥

62. 市场上的农药品种繁多，质量参差不齐，(　　) 不是绿色防控农药的选择要求。

A. 选择限用农药　　　　　　　　　　B. 选择登记农药

C. 交替使用农药　　　　　　　　　　D. 对生态环境安全

63. 在绿色防控病虫害过程中，(　　) 不属于农药施用准备工作。

A. 确定施用方法　　　　　　　　　　B. 确定农药效果

C. 确定施用量　　　　　　　　　　　D. 确定施用时间

64. (　　) 不是草莓急需实现标准化生产、提高草莓质量和安全品质的原因。

A. 重产量轻品质　　　　　　　　　　B. 化肥过量

C. 价格便宜　　　　　　　　　　　　D. 面源污染

65. 在草莓实际生产中，最安全的是 (　　)。

A. 有机草莓　　　　B. 无公害草莓　　　　C. 绿色草莓　　　　D. 立架草莓

理论知识考试模拟试卷参考答案

一、判断题

1. √	2. ×	3. ×	4. √	5. ×	6. √	7. ×	8. √	9. √
10. √	11. ×	12. ×	13. ×	14. √	15. √	16. ×	17. √	18. √
19. √	20. √	21. √	22. ×	23. √	24. ×	25. ×	26. √	27. √
28. ×	29. ×	30. √	31. ×	32. √	33. ×	34. √	35. ×	

二、单项选择题

1. A	2. B	3. D	4. A	5. C	6. A	7. D	8. B	9. D
10. B	11. C	12. C	13. A	14. D	15. C	16. A	17. B	18. A
19. A	20. B	21. D	22. D	23. A	24. B	25. B	26. D	27. C
28. D	29. C	30. D	31. B	32. A	33. B	34. A	35. A	36. C
37. A	38. B	39. C	40. D	41. D	42. A	43. B	44. A	45. A
46. C	47. B	48. A	49. D	50. B	51. A	52. D	53. B	54. C
55. B	56. D	57. A	58. C	59. B	60. A	61. A	62. A	63. B
64. C	65. A							

操作技能考核模拟试卷

注意事项

1. 请考生根据操作技能考核通知单中所列的试题做好考核准备。

2. 请考生仔细阅读试题单中具体考核内容和要求，并按要求完成操作。

3. 操作技能考核时要遵守考场纪律，服从考场管理人员指挥，以保证考核安全顺利进行。

注：操作技能考核试题评分表是考评员对考生考核过程及考核结果的评分记录表，也是评分依据。

草莓栽培操作技能考核通知单

姓名：

准考证号：

考核日期：

试题 1

试题代码：1.1.1。

试题名称：移栽种苗。

考核时间：30 min。

配分：20 分。

试题 2

试题代码：2.1.1。

试题名称：整理植株。

考核时间：30 min。

配分：20 分。

试题 3

试题代码：3.1.1。

试题名称：化学防治草莓白粉病。

考核时间：30 min。

配分：20 分。

草莓栽培（专项职业能力）操作技能考核
试题单

试题代码：1.1.1。

试题名称：移栽种苗。

考核时间：30 min。

1. 场地设备要求

（1）天气晴朗，场地干燥，土质疏松。

（2）已旋耕过的 5 m × 5 m 农田 1 块。

（3）铁耙 1 把，平板铲 1 把，卷尺 1 把。

（4）种苗 15 株，水 1 桶，水舀 1 只。

2. 工作任务

（1）做一条长度 2 m、宽度 1 m、高度≥30 cm 的畦。

（2）开一条长度 2 m、宽度≥30 cm、深度≥30 cm 的沟。

（3）移栽 1 行草莓种苗。

3. 技能要求

（1）开沟做畦。

（2）整理植株。

（3）移栽种苗。

4. 质量指标

（1）开沟做畦直，平整紧实，畦面略呈龟背形，沟的长、宽、高与畦的长、宽、深符合标准。

（2）根据健壮种苗标准选择种苗，并整理。

（3）种苗移栽紧实，移栽株距、移栽深浅、种苗方向符合标准，浇水彻底。

（4）检查并整理淤心和露根苗。

（5）复位操作工具，清洁场地。

草莓栽培（专项职业能力）操作技能考核试题评分表

试题代码：1.1.1。

试题名称：移栽种苗。

考核时间：30 min。

考生姓名：　　　　　　　　　　　　准考证号：

细则编号	配分 / 分	评分细则描述	规定或标称值	得分 / 分
01	3	畦长度 2 m，畦宽度 1 m，畦高度≥30 cm，畦较直，畦表面平整，畦土壤紧实（各 0.5 分）		
02	4	沟长度 2 m，沟宽度≥30 cm，沟深度≥30 cm（各 1 分） 沟较直，沟底平整（各 0.5 分）		
03	5	选择健康、完整、新茎直径 1 cm 以上、叶柄短粗、具有 5～7 片发育正常叶片、根系发达的健壮种苗（各 0.5 分） 整理植株时摘去老叶、黄叶、病叶及全部花蕾，保留三叶一心（各 1 分）		
04	6	移栽株距 35～40 cm（1 分） 移栽不埋心，移栽不露根（各 0.5 分） 移栽种苗方向一致，种苗茎部弯曲凸面朝向两侧（不能朝向临近种苗方向）（各 1 分） 移栽时根部舒展，移栽后彻底浇水（各 0.5 分） 种苗无淤心、露根和松动（1 分）		
05	2	复位操作工具，清洁场地（各 1 分）		
合计配分	20	合计得分		

考评员（签名）：

草莓栽培（专项职业能力）操作技能考核试题单

试题代码：2.1.1。

试题名称：整理植株。

考核时间：30 min。

1. 场地设备要求

（1）花果期草莓大棚 1 个（未进行植株整理）。

（2）回收空桶 1 个，竹篮 1 个。

2. 工作任务

完成 30 株草莓苗的植株整理工作。

3. 技能要求

（1）整理植株。

（2）疏花疏果。

4. 质量指标

（1）保留合理数量的功能叶，除去老叶、病叶、黄叶及匍匐茎。

（2）疏去 4 级及以上的花和花蕾，摘除畸形果、病虫危害果、生理性病害果。

（3）将残体集中带出棚外，倒入回收桶。

草莓栽培（专项职业能力）操作技能考核试题评分表

试题代码：2.1.1。

试题名称：整理植株。

考核时间：30 min。

考生姓名：　　　　　　　　　　　　　准考证号：

细则编号	配分 / 分	评分细则描述	规定或标称值	得分 / 分
01	4	保留主茎和主芽，除去腋芽，除去匍匐茎（每遗漏一根扣 0.5 分，扣完为止）		
02	4	保留数量合理的功能叶，除去老叶、黄叶、病叶（每遗漏一片扣 0.5 分，扣完为止）		
03	4	疏去 4 级及以上的花和花蕾（每遗漏一朵扣 0.5 分，扣完为止）		
04	4	摘除畸形果、病虫危害果、生理性病害果（每遗漏一个扣 0.5 分，扣完为止）		
05	4	将残体集中带出棚外，倒入回收桶（各 2 分）		
合计配分	20	合计得分		

考评员（签名）：

草莓栽培（专项职业能力）操作技能考核
试题单

试题代码：3.1.1。

试题名称：化学防治草莓白粉病。

考核时间：30 min。

1. 场地设备要求

（1）苗期草莓大棚 1 个，取水方便场所 1 处。

（2）蚜虫、叶螨、夜蛾、白粉病、灰霉病、炭疽病田间危害状照片各 1 张。

（3）龙克菌、艾绿士、建达、螺斯、来福禄、康邦农药包装照片各 1 张。

（4）背负式喷药器（15 L）1 个，药剂 1 桶（用水代替），药剂回收空桶 1 个。

（5）医用橡胶手套 1 副，一次性口罩 1 个，防护服 1 件，农用雨鞋 1 双。

2. 工作任务

（1）选择草莓白粉病的田间危害状照片 1 张。

（2）选择草莓白粉病防治药剂照片 1 张。

（3）喷施用于防治草莓白粉病药剂（用水代替），喷施两垄。

3. 技能要求

（1）识别草莓白粉病田间危害状。

（2）喷施农药。

4. 质量指标

（1）药剂喷施前进行防护及检查。

（2）喷雾器喷幅大小适中，单位面积喷药量均匀，喷药时行走速度一致，药剂重点喷施部位准确，无重喷或漏喷。

（3）合理处理施药后废弃物。

草莓栽培（专项职业能力）操作技能考核试题评分表

试题代码：3.1.1。

试题名称：化学防治草莓白粉病。

考核时间：30 min。

考生姓名：　　　　　　　　　　　准考证号：

细则编号	配分 / 分	评分细则描述	规定或标称值	得分 / 分
01	1	正确选择田间危害状照片		
02	1	正确选择防治药剂照片（建达）		
03	2	戴上手套、口罩、穿上防护服、雨鞋（少穿戴一件扣 0.5 分）		
04	2	向喷药器中倒入药剂（用水代替）时缓慢，避免溅出，避免与皮肤接触（1 分） 加入药剂（用水代替）时低于喷雾器最高刻度线（1 分）		
05	1	拧紧喷雾器盖子，确认喷雾器无跑、冒、滴、漏情况		
06	10	喷雾器喷幅适中（2 分） 单位面积喷药量均匀（2 分） 喷药时行走速度一致，不过快或过慢（2 分） 喷头位置贴近植株，重点喷施部位为叶片背面（各 1 分） 无重喷，无漏喷（各 1 分）		
07	3	废弃药液倒入回收桶中，清洗喷雾器，清洗废液倒入回收桶中（各 1 分）		
合计配分	20	合计得分		

考评员（签名）：